Wissenschaftliche Reihe Fahrzeugtechnik Universität Stuttgart

Reihe herausgegeben von

André Casal Kulzer, Stuttgart, Deutschland

Hans-Christian Reuss, Stuttgart, Deutschland

Andreas Wagner, Stuttgart, Deutschland

Das Institut für Fahrzeugtechnik Stuttgart (IFS) an der Universität Stuttgart forscht interdisziplinär sowie technologieoffen an modernen und zukunftsorientierten Fahrzeugkonzepten. In enger Zusammenarbeit mit Partnern aus Industrie und Wissenschaft entstehen neue Lösungen für die Mobilität der Zukunft. Das Institut gliedert sich in drei spezialisierte Lehrstühle, die gemeinsam das gesamte Spektrum der Fahrzeugtechnik abdecken: Der **Lehrstuhl für Fahrzeugantriebssysteme** widmet sich der Forschung nachhaltiger Antriebslösungen für künftige Mobilitätskonzepte. Im Fokus stehen alternative, elektrische sowie hybride Antriebssysteme und deren Komponenten – einschließlich der Nutzung nachhaltiger Energieträger wie Wasserstoff, synthetischer Kraftstoffe und Batterien. Der **Lehrstuhl für Kraftfahrzeugmechatronik** beschäftigt sich mit vernetzten, intelligenten und adaptiven Fahrzeugen. Im Zentrum stehen Fragestellungen zum Automatisierten und Vernetzten Fahren, Diagnose, Ladetechnologien, verteilte Systeme sowie softwarebasierte Fahrzeugfunktionen. Der **Lehrstuhl für Kraftfahrwesen** erforscht die physikalischen Grundlagen der Auslegung zukünftiger Fahrzeugkonzepte. Im Mittelpunkt stehen die Bereiche Aerodynamik, Windkanaltechnik, Akustik/NVH, Fahrzeugdynamik, Reifenmanagement und Thermomanagement Gesamtfahrzeug. Das IFS verfügt über eine vielfältige und hochmoderne Forschungsinfrastruktur, die realitätsnahe Untersuchungen vom Einzelbauteil bis zum Gesamtfahrzeug ermöglicht. Besonders hervorzuheben sind der Multikonfigurations- und Antriebsprüfstand für komplexe Antriebskonzepte, der Stuttgarter Fahrsimulator zur Untersuchung menschlichen Fahrverhaltens, der Aeroakustik-Fahrzeugwindkanal für akustische und strömungstechnische Fragestellungen sowie der Thermowindkanal zur Analyse thermischer Prozesse im Gesamtfahrzeug. Die wissenschaftliche Reihe „Fahrzeugtechnik Universität Stuttgart" dokumentiert die im Rahmen von Promotionen am IFS entstandene Beiträge zur Mobilität der Zukunft und zeigt deren thematische Vielfalt, methodische Tiefe und Praxisrelevanz.

Reihe herausgegeben von

Prof. Dr.-Ing. André Casal Kulzer
Lehrstuhl für Fahrzeugantriebssysteme
Institut für Fahrzeugtechnik Stuttgart
Universität Stuttgart
Stuttgart, Deutschland

Prof Dr.-Ing. Andreas Wagner
Lehrstuhl für Kraftfahrwesen
Institut für Fahrzeugtechnik Stuttgart
Universität Stuttgart
Stuttgart, Deutschland

Prof. Dr.-Ing. Hans-Christian Reuss
Lehrstuhl für
Kraftfahrzeugmechatronik
Institut für Fahrzeugtechnik Stuttgart
Universität Stuttgart
Stuttgart, Deutschland

Daniel Gehringer

Objektive Bewertung des thermischen Innenraumkomforts in Simulation und Experiment

Daniel Gehringer
IFS, Fakultät 7, Lehrstuhl für
Kraftfahrwesen
Universität Stuttgart
Stuttgart, Deutschland

Zugl.: Dissertation Universität Stuttgart, 2025
D93

ISSN 2567-0042 ISSN 2567-0352 (electronic)
Wissenschaftliche Reihe Fahrzeugtechnik Universität Stuttgart
ISBN 978-3-658-51617-8 ISBN 978-3-658-51618-5 (eBook)
https://doi.org/10.1007/978-3-658-51618-5

Die Deutsche Nationalbibliothek verzeichnet diese Publikation in der Deutschen Nationalbibliografie; detaillierte bibliografische Daten sind im Internet über https://portal.dnb.de abrufbar.

Planung/Lektorat: Carina Reibold
Springer Vieweg ist ein Imprint der eingetragenen Gesellschaft Springer Fachmedien Wiesbaden GmbH und ist ein Teil von Springer Nature.
Die Anschrift der Gesellschaft ist: Abraham-Lincoln-Str. 46, 65189 Wiesbaden, Germany

Vorwort

Die vorliegende Arbeit entstand während meiner Tätigkeit als wissenschaftlicher Mitarbeiter am Institut für Fahrzeugtechnik Stuttgart (IFS) der Universität Stuttgart. Mein besonderer Dank gilt Herrn Prof. Dr.-Ing. Andreas Wagner, Leiter des Lehrstuhls Kraftfahrwesen am IFS, für die Betreuung dieser Promotion sowie für das mir entgegengebrachte Vertrauen und die fachliche Unterstützung. Herrn Prof. Dr.-Ing. Konstantinos Stergiaropoulos, Leiter des Instituts für Gebäudeenergetik, Thermotechnik und Energiespeicherung (IGTE) der Universität Stuttgart, danke ich für die freundliche Bereitschaft zur Übernahme des Mitberichts. Darüber hinaus gilt mein Dank Herrn Prof. Dr.-Ing. Wolfram Remlinger für die Übernahme des Prüfungsvorsitzes.

Die Motivation zur untersuchten Thematik entstammt meiner wissenschaftlichen Arbeit im Rahmen des vom Bundesministerium für Bildung und Forschung (BMBF) geförderten Forschungsprojekts UNICARagil. Die dort gewonnenen Erkenntnisse bildeten eine wesentliche Grundlage für die in dieser Arbeit behandelten Fragestellungen.

Allen Kolleginnen und Kollegen des IFS danke ich für die stets kollegiale Zusammenarbeit sowie die angenehme und produktive Arbeitsathmosphäre. Namentlich danke ich Herrn Dr.-Ing. Timo Kuthada für wertvolle fachliche Anregungen und sorgfältige Korrekturen. Mein Dank gilt ebenso den Studentinnen und Studenten sowie den wissenschaftlichen Hilfskräften, die durch ihre Abschlussarbeiten und ihre engagierte Mitarbeit wesentlich zum Gelingen dieser Arbeit beigetragen haben. Besonders danke ich Jonas Maier für die angenehme Zusammenarbeit im UNICARagil-Projekt und den bereichernden fachlichen und persönlichen Austausch in den vergangenen Jahren, der einen nachhaltigen Einfluss auf dieser Arbeit und auf mich selbst hatte.

Zulezt gilt mein besonderer Dank meiner Familie. Meinen Eltern Jutta und Konrad danke ich für ihren bedingungslosen Rückhalt und die Ermöglichung meines Studiums. Meiner Frau Katja danke ich herzlich für ihre Unterstützung, ihre Geduld und ihr Versändnis, die mir die volle Konzentration auf diese Arbeit erst ermöglicht haben.

Stuttgart

Daniel Gehringer

Inhaltsverzeichnis

Abbildungsverzeichnis

Tabellenverzeichnis

Abkürzungsverzeichnis

ADAM	ADvanced Automotive Manikin
ASHRAE	American Society of Heating, Refrigerating and Air-Conditioning Engineers
ASTM	American Society of Testing and Materials
BEV	Battery Electric Vehicle
BMBF	Bundesministerium für Bildung und Forschung
CAD	Computer-Aided Design
CFD	Computational Fluid Dynamics
DIN	Deutsches Institut für Normung
DR	Draught Rate, dt. Zugluftrate
DRESSMAN	Dummy REpresenting Suit for Simulation of huMAN heatloss
DTS	Dynamic Thermal Sensation
EN	Europäische Norm
FD	Flow Development
FDM	Fused Deposition Modeling
FKFS	Forschungsinstitut für Kraftfahrwesen und Fahrzeugmotoren Stuttgart
GUI	Graphical User Interface
HLK	Heizung, Lüftung und Klima
HTM	Human Thermal Modeling
HVAC	Heating, Ventilation and Air Conditioning
ISO	Internationale Organisation für Normung
LabVIEW	Laboratory Virtual Instrumentation Engineering Workbench
LBM	Lattice-Boltzmann-Methode
NASA	National Aeronautics and Space Administration
ÖPNV	Öffentlicher Personennahverkehr
Pkw	Personenkraftwagen
PMV	Predicted Mean Vote
PPD	Predicted Percentage of Dissatisfied
PTC	Positive Temperature Coefficient
RMSE	Root Mean Squared Error
RP	Rapid Prototyying

RST	Resultant Surface Temperature
SLS	Selective Laser Sintering
TCM	Thermal Comfort Manikin
TDMS	Technical Data Management Streaming
TIR	Totale innere Reflexion
TS	Thermal Sensation
TWK	Thermowindkanal
UCB	University of California, Berkeley
VF	Velocity Freeze
VI	Virtuelles Instrument
VR	Variable Resolution

Formelzeichenverzeichnis

Formelzeichen	Größe	Einheit
$\bar{v}_{a,l}$	Mittlere lokale Luftgeschwindigkeit	$\frac{\mathrm{m}}{\mathrm{s}}$
$\bar{\vartheta}_r$	Mittlere Strahlungstemperatur	°C
$h_{c,o}$	Konvektiver Wärmeübergangskoeffizient der operativen Temperatursonde	$\frac{\mathrm{W}}{\mathrm{m}^2 \cdot \mathrm{K}}$
h_c	Wärmeübergangskoeffizient für Konvektion	$\frac{\mathrm{W}}{\mathrm{m}^2 \cdot \mathrm{K}}$
h_{cal}	Kombinierter Wärmeübergangskoeffizient in der Kalibrierumgebung	$\frac{\mathrm{W}}{\mathrm{m}^2 \cdot \mathrm{K}}$
h_r	Wärmeübergangskoeffizient für Strahlung	$\frac{\mathrm{W}}{\mathrm{m}^2 \cdot \mathrm{K}}$
$\Delta\vartheta_{a,v}$	Vertikale Temperaturdifferenz zwischen Kopf und Füßen	°C
$D_{cl,i}$	Bekleidungsabhängiger Dämpfungsfaktor	–
F_{12}	Sichtfaktor zwischen Körper 1 und 2	–
$I^*_{cl,i}$	Lokaler Isolationswert	clo
$I^*_{cl,max}$	Maximaler lokaler Isolationswert	clo
M_R	Stoffwechselrate in Ruhe	met
M_S	Stoffwechselrate bei sportlicher Betätigung	met
M_W	Molare Masse von reinem Wasser	$\frac{\mathrm{g}}{\mathrm{mol}}$
M_{tL}	Molare Masse von trockener Luft	$\frac{\mathrm{g}}{\mathrm{mol}}$
PMV_g	Gewichtetes mittleres vorausgesagtes Votum	–

PPD_g	Gewichteter vorausgesagter Prozentsatz der Unzufriedenen	%
$\dot{Q}$	Wärmestrom	W
$SD_{\bar{\vartheta}_a}$	Standardabweichung der mittleren Strömungsgeschwindigkeit über alle Messstellen	$\frac{m}{s}$
SD_v	Standardabweichung der Strömungsgeschwindigkeit	$\frac{m}{s}$
VO_{2max}	Maximale Sauerstoffaufnahme	$\frac{ml\ O_2}{min}$
a_0 bis a_6	Stoffabhängige Faktoren zur Berechnung des Wasserdampfdruckes	–
$c_{p,manikin}$	Spezifische Wärmekapazität des Manikins	$\frac{J}{kg \cdot K}$
c_p	Spezifische Wärmekapazität bei konstantem Druck	$\frac{J}{kg \cdot K}$
c_p	Spezifische Wärmekapazität bei konstantem Volumen	$\frac{J}{kg \cdot K}$
f_{cl}	Bekleidungsflächenfaktor	–
$f_{kR,i}$	Empfindungsfaktoren bei Kaltreiz in Ruhe	–
$f_{kS,i}$	Empfindungsfaktoren bei Kaltreiz und sportlicher Betätigung	–
f_{sk}	Fehlersignal der mittleren Hauttemperatur	–
$f_{wR,i}$	Empfindungsfaktoren bei Warmreiz in Ruhe	–
$f_{wS,i}$	Empfindungsfaktoren bei Warmreiz und sportlicher Betätigung	–
g_i	Gewichtungsfaktor	–
$\dot{m}$	Massenstrom	$\frac{kg}{min}$

$m_{manikin}$	Gesamtmasse des Manikins	kg
p_a	Wasserdampfpartialdruck	Pa
v_a	Strömungsgeschwindigkeit	$\frac{m}{s}$
v_g	Gewichtete Strömungsgeschwindigkeit	$\frac{m}{s}$
v_i	Strömungsgeschwindigkeit an einer Messtelle	$\frac{m}{s}$
ε_o	Emissionskoeffizienten der operativen Temperatursonde	–
λ_f	Wärmeleitfähigkeit des Fluids	$\frac{W}{m \cdot K}$
τ_-	Parameter der negativen Änderungsrate der mittleren Hauttemperatur	–
τ_+	Parameter der positiven Änderungsrate der mittleren Hauttemperatur	–
$\vartheta_{a,l}$	Lokale Lufttemperatur	°C
ϑ_a	Lufttemperatur	°C
ϑ_{cl}	Oberflächentemperatur der Kleidung	°C
ϑ_g	Gewichtete Lufttemperatur	°C
ϑ_i	Temperatur an einer Messstelle	°C
ϑ_k	Temperatur des Kaltreizes	°C
ϑ_o	Operativtemperatur	°C
ϑ_s	Oberflächentemperatur	°C
ϑ_{sk}	Hauttemperatur	°C
ϑ_w	Temperatur des Warmreizes	°C
$\Delta\vartheta_{hy}$	Kerntemperatur des Kopfes	°C

$\Delta\vartheta_{sk,m}$	Mittlere Hauttemperatur	°C
Φ	Einfluss des Fehlersignals der Kerntemperatur des Kopfes	–
Ψ	Einfluss der dynamischen Komponenten	–
A	Querschnittsfläche	m^2
C	Wärmeaustausch durch Konvektion	$\frac{\mathrm{W}}{\mathrm{m}^2}$
DR	Zugluftrate	%
DTS	Dynamisches thermisches Empfinden	–
L	Charakteristische Länge	m
M	Energieumsatz	$\frac{\mathrm{W}}{\mathrm{m}^2}$
Nu	Nußelt-Zahl	–
PD	Prozentualer Anteil der Unzufriedenen aufgrund vertikaler Temperaturdifferenz	%
PMV	Vorausgesagtes mittleres Votum	–
PPD	Vorausgesagter Prozentsatz der Unzufriedenen	%
Q	Trockener Wärmeaustausch zwischen Mensch und Umgebung	$\frac{\mathrm{W}}{\mathrm{m}^2}$
R	Wärmeaustausch durch Strahlung	$\frac{\mathrm{W}}{\mathrm{m}^2}$
T	Thermodynamische Temperatur	K
TS	Thermal Sensation	–
Tu	Turbulenzgrad	%
W	Wirksame mechanische Leistung	$\frac{\mathrm{W}}{\mathrm{m}^2}$
$e(\vartheta)$	Temperaturabhängiger Wasserdampfdruck	Pa

m	Masse	kg
p	Luftdruck	Pa
q	Spezifische Luftfeuchtigkeit	$\frac{g}{kg}$
r	Abstand	m
s	Schichtdicke	m
t	Zeit	s
x	Wasserbeladung	–
α	Absorptionsgrad	–
β	Raumwinkel	°
ε	Emissionsgrad	–
λ	Wärmeleitfähigkeit	$\frac{W}{m \cdot K}$
ρ	Dichte	$\frac{kg}{m^3}$
ρ	Reflexionsgrad	–
σ	Stefan-Boltzmann-Konstante	$\frac{W}{m^2 \cdot K^4}$
τ	Transmissionsgrad	–
φ	Relative Luftfeuchtigkeit	%
$\psi(\vartheta_i)$	Lufttemperaturabhängiger Interpolationsterm	–
ϑ	Temperatur	°C
$\phi(M)$	Bekleidungsabhängiger Interpolationsterm	–

Zusammenfassung

Der thermische Komfort hat maßgebliche Auswirkungen auf die Kundenwahrnehmung eines Fahrzeugs sowie die Fahrsicherheit. Deshalb ist die Sicherstellung eines angenehmen Innenraumklimas unter allen Umgebungsbedingungen ein wichtiges Entwicklungsziel von Kraftfahrzeugen. Diese Zielgröße muss sowohl in frühen Entwicklungsphasen virtuell als auch später in Versuchsfahrzeugen untersucht und bewertet werden. Um die Auswirkung verschiedener Fahrzeugkomponenten oder Auslegungsstrategien auf den thermischen Komfort quantifizieren zu können, eignen sich besonders objektive Bewertungsmethoden. Es können prinzipiell auch Probandenversuche durchgeführt werden, diese bringen jedoch einige Einschränkungen mit sich. In der vorliegenden Arbeit wurde eine Methode entwickelt, die es erlaubt den thermischen Komfort in einer Fahrzeugkabine in allen Stadien des Entwicklungsprozesses zu bewerten. Hierzu wurde eine Messpuppe mit entsprechender Sensorik für den Einsatz in Fahrzeugen sowie ein zugehöriger digitaler Zwilling für den Einsatz in der virtuellen Entwicklungsumgebung konzipiert und aufgebaut.

Es bestehen bereits verschiedene Komfortmodelle in der Literatur, die basierend auf verschiedenen Eingangsparametern, das thermische Empfinden einer Gruppe von Menschen voraussagen. Durch Menschmodelle, die mit entsprechender Sensorik ausgestattet sind, können diese Eingangsparameter in Versuchsfahrzeugen gemessen werden. Methoden, die einen direkten Vergleich zwischen einer virtuellen Bewertung in einer Simulationsumgebung mit Messungen in einem realen Fahrzeug ermöglichen, sind jedoch nicht dokumentiert.

Zur Bewertung der thermischen Umgebung wird ein messtechnischer Manikin entwickelt. Er ist mit verschiedenen Sensoren an unterschiedlichen Körperstellen ausgestattet, um die Luftgeschwindigkeit, die Lufttemperatur, die Strahlungstemperatur und die relative Luftfeuchtigkeit zu messen. Diese Parameter werden anschließend, abhängig von lokalen Empfindungsfaktoren der einzelnen Körperstellen, gewichtet und fließen dann in das Predicted-Mean-Vote-Komfortmodell von Fanger aus ISO 7730 ein. Zusätzlich wird ein digitaler Zwilling des Manikins mit zugehörigem Simulationsprozess vorgestellt, mit dem dieselbe Komfortbewertung in einer virtuellen Fahrzeugkabine erreicht werden kann.

Zur Validierung des digitalen Zwillings und des Simulationsansatzes werden Experimente mit dem Manikin in einer Klimaprüfkammer durchgeführt. Es wird dazu ein Aufheiz- und Abkühlfall sowie ein Fall mit asymetrischen Strahlungsverhältnissen betrachtet. Zuerst werden die Versuche mit dem realen Manikin durchgeführt. Anschließend wird der experimentelle Aufbau in der Simulationsumgebung nachgebildet und mit dem virtuellen Manikin sowie dem beschriebenen Simulationsprozess vermessen. Es werden für jeden untersuchten Fall jeweils die Einzelparameter sowie die daraus berechnete Komfortbewertung verglichen. Es zeigt sich hier eine gute Vergleichbarkeit der Messgrößen und Komfortbewertungen zwischen Experiment und Simulation.

Zur Einordnung der erzielten Komfortbewertung wird außerdem mit Hilfe der drei Validierungsfälle ein simulativer Vergleich des entwickelten Modells mit anderen, in der Literatur beschriebenen Komfortmodellen durchgeführt. Hierzu zählen das klassische Predicted Mean Vote Modell nach Fanger, das Dynamic Thermal Sensation Modell nach Fiala, das UC-Berkeley Modell nach Zhang sowie das Äquivalenttemperaturmodell nach ISO 14505-1. Es zeigen sich hier vor allem bei transienten Temperaturübergängen Unterschiede in den Bewertungen der verschiedenen Modelle. Dies ist unter anderem auf die in den Berechnungsvorschriften der Vergleichsmodelle enthaltenen transienten Terme zurückzuführen. Grundsätzlich zeigen die meisten Modelle jedoch vergleichbare Bewertungen und Tendenzen bei Änderungen der Umgebungsbedingungen.

Zuletzt wird die entwickelte Methode anhand von drei Anwendungsbeispielen aus der Praxis demonstriert. Das erste Beispiel zeigt eine digitale Komfortbewertung in der Fahrzeugkabine eines autonomen Peoplemovers aus dem UNICARagil Forschungsprojekt. Hier wird der Insassenkomfort auf einem der sechs Sitzplätze während eines Aufheizvorgangs im Winterbetrieb mit und ohne Flächenheizung bewertet. Als maßgebliche Bewertungsgröße wird in diesem Fall die Dauer bis zum Erreichen eines neutralen thermischen Empfindens, ausgehend von einer Starttemperatur von −20 °C, verwendet. Im zweiten Beispiel wird eine Komfortbewertung unter stationären Temperaturrandbedingungen in einem batterieelektrischen Fahrzeug mit dem realen Manikin vorgenommen. Es werden unterschiedliche Klimatisierungsstrategien mit Hinblick auf das thermische Empfinden sowie das Zugluftempfinden miteinander verglichen. Im dritten Beispiel werden Messungen in einem Fahrzeug mit offenem Verdeck im Thermowindkanal des FKFS gezeigt. Dies wird durch die direkte Messung der Strömungsgeschwindigkeiten an mehreren Körperstellen des Manikins ermöglicht. Bei den Messungen werden unterschiedliche aerodynamische Maßnahmen zur Reduzierung der Rückströmung in die Fahrzeugkabine und damit der Zugluft miteinander verglichen.

Der entwickelte Manikin kann schnell eingerichtet werden und liefert eine objektive Bewertung des thermischen Komforts in einem Innenraum. Mit dem digitalen Zwilling und dem dazu passenden Simulationsprozess kann die Methode auch effizient in der frühen Entwicklungsphase virtuell angewendet werden. Aufgrund der guten Vergleichbarkeit der messtechnischen und digitalen Methode können potenziell weitere Synergien zwischen virtueller Entwicklung und Prüfstandsversuchen geschaffen werden. Durch die direkte Messung der Strömungsgeschwindigkeiten kann neben den Temperaturen auch das Strömungsfeld um den Insassen bewertet werden. Dies kann z. B. bei der Untersuchung von verschiedenen Positionen oder Geometrien von Lauftauslässen einer Klimatisierunganlage sowie von aerodynamischen Maßnahmen in einem Cabrio hilfreich sein.

Abstract

Thermal comfort has a significant impact on customer perception of a vehicle and is also relevant to driving safety. A comfortable interior climate under all environmental conditions is therefore a key development objective for road vehicles. This requires both virtual evaluations in the early development phases and later assessments in vehicle prototypes. To quantify the effect of various vehicle components or design strategies on thermal comfort, objective evaluation methods are particularly suitable. While human subject trials can be conducted, they come with inherent limitations regarding repeatability, effort and ethical constraints. This work aims to develop a method for evaluating thermal comfort in a vehicle cabin across all stages of the development process. To achieve this, a measurement manikin equipped with sensors for in-vehicle use, along with a corresponding digital twin for virtual development environments, are designed and implemented. The developed method is then validated using climate chamber experiments. This involves a direct comparison between the experimental and simulation results, as well as a simulative comparison with other comfort models. The applicability and practical relevance of the method are demonstrated using multiple vehicle-related case studies.

First, the heat transfer mechanisms of conduction, convection and radiation are described. These physical principles mainly drive the thermal influence of the environment on occupants in a vehicle during operation. Sources of these thermal influences are either the thermal environment in which the vehicle is operated or the vehicle's heating, ventilation and air conditioning system. The human organism is warm-blooded and keeps the core body temperature of 37 °C largely constant regardless of ambient temperature. Since various metabolic processes and physical activity generate heat in the body, humans are in constant thermal exchange with their environment. The amount of heat transferred can be influenced by various regulatory mechanisms in the body, enabling it to respond to different ambient temperatures. Heat dissipation is mainly adjusted by a temperature variation of the body shell between 27 and 36 °C and is significantly influenced by a person's physical activity and clothing insulation. These regulatory mechanisms require precise and rapid measurement of local thermal conditions, which is achieved by thermoreceptors in the skin. Receptor density per skin surface and sensitivity vary depending on the body region. Consequently, the sensation of warm or cold air applied to the skin differs depending on the affected area. These physiological aspects form the basis for local weighting approaches in thermal comfort assessment.

Thermal comfort is generally understood as a state of mind in which a person is satisfied with the thermal environment and does not wish to change it, or in which no discomfort due to thermal influences is perceived. Due to the large number of external and individual influencing factors, it is not possible to satisfy all people with a given thermal environment. Therefore, optimal thermal comfort is achieved when the highest possible percentage of occupants experience thermal comfort. Climate indices such as the operative temperature, effective temperature or equivalent temperature aim to integrate the interaction of different thermal influences into a single measure. Furthermore, various comfort models described in literature predict the thermal sensation of groups of people based on different input parameters. These models are derived from subject tests conducted in controlled thermal environments and aim to objectively quantify thermal sensation under various environmental conditions. Due to differing strengths and weaknesses, the models are suitable for different applications. To apply such models in vehicle development, the required input parameters must be measured reliably and reproducibly within the vehicle cabin.

Using human models equipped with sensors, the input parameters required by comfort models can be measured in vehicles. Various thermal comfort manikins are described in the literature, including actively heated manikins that model human heat input into the cabin and passive manikins that directly measure thermal influences acting on the human body. However, methods enabling direct comparison between virtual comfort assessments in simulation environments and real-world measurements in vehicles are not well documented. This gap motivates the development of an integrated approach combining hardware measurements and digital simulation using a unified evaluation methodology.

To assess the thermal environment, a manikin is developed that features multiple sensors positioned at different body locations to measure air velocity, air temperature, radiant surface temperature, and relative humidity. The manikin represents a 50th percentile western male with a height of 178 cm and can be adjusted to the vehicle cabin using several joints. Sensor placement is based on thermoreceptor density across the human body. Flow velocity is measured using omnidirectional constant temperature anemometry probes at eight body locations. These probes operate at a frequency of 5 Hz and allow calculation of turbulence intensity and draught rate. Air temperature is measured using the eight flow velocity probes and addiational thermocouples at 32 locations. An ellipsoid-shaped operative temperature probe is used to determine the mean radiant temperature of surrounding surfaces. Relative humidity is measured using a capacitive humidity sensor. The measured parameters are weighted according to local sensation factors at individual body positions and integrated into Fanger's Predicted Mean Vote (PMV) comfort model defined in ISO 7730. The weighting approach accounts for gender, metabolic rate, local air temperature and local clothing insulation. The evaluation software is developed using LabVIEW and enables real-time visualization of measurement data and thermal comfort assessment.

Additionally, a digital twin of the manikin is developed along with a corresponding simulation process, enabling equivalent comfort assessments in virtual vehicle cabins. A coupled simulation setup using PowerFLOW and PowerTHERM is employed. The manikin's geometry is discretized into a shell mesh and a mass-averaged specific heat capacity is calculated to represent the thermal mass of all hardware components. Flow velocity and temperature probes are modeled using rigid body nodes connected to the underlying manikin mesh. The digital twin can be moved and rotated with the same degrees of freedom as the hardware manikin. After each simulation run, the results are post-processed using the developed evaluation software to generate identical output files and comfort metrics as obtained from measurements with the hardware manikin. This unified evaluation strategy forms the basis for consistent comparison between experimental and numerical comfort assessments.

To validate the digital twin and the simulation approach, experiments using the hardware manikin are conducted in a climate test chamber. The manikin is seated on a chair inside a box representing part of a people mover cabin. The test setup includes an inlet blower supplying a defined mass flow with controlled temperature into the cabin. One side wall of the cabin is equipped with a surface heating foil. Heat-up and cool-down scenarios, as well as a scenario with asymmetrical radiation conditions, are investigated. Initially, experiments are performed using the hardware manikin. Subsequently, the experimental setup is replicated in the simulation environment, using the virtual manikin and the developed simulation process. For each case, individual parameters and calculated comfort values are compared. The results show good agreement between experiment and simulation. Measured flow velocities and their transient fluctuations are well reproduced in the simulation. Temperature development predicted by the thermal solver matches experimental data in all cases, with comparable air and operative temperatures. Simulated relative humidity shows larger deviations in two cases with high transient change rates. Nevertheless, the calculated PMV_g agrees well with measured values due to the comparatively low influence of humidity on the comfort calculation. Considering measurement uncertainties of the employed probes and thermocouples, the remaining differences between experiment and simulation are sufficiently small to reliably predict occupant comfort.

To classify the obtained comfort assessment, a simulation-based comparison with other comfort models described in the literature is conducted using the three validation cases. The comparison includes the classical Predicted Mean Vote model by Fanger, the Dynamic Thermal Sensation model by Fiala, the UC Berkeley model by Zhang and the equivalent temperature model according to ISO 14505-1. A thermophysiological human model implemented in PowerTHERM is compared to the developed digital twin of the thermal comfort manikin. The thermophysiological model is applied to the same surface mesh to exclude mesh-related influences. Differences between model predictions are particularly evident during transient temperature changes. These differences arise from transient terms in the compared models as well as the internal heat generation of the thermophysiological model, which is not considered in the presented approach. Overall, most models show comparable comfort assessments and similar trends in response to changing environmental conditions. The DTS model exhibits the highest deviation relative to other models. Results from the UC Berkeley model show sudden changes in comfort ratings due to the aggregation of local body part sensations into a whole-body sensation. PMV values derived from the thermophysiological model show good agreement with comfort predictions of the thermal comfort manikin. Interpretation of equivalent temperature values is more challenging, as comfort bands are only available for specified clothing and metabolic rates. This limits direct comparison with the presented approach. The developed method enables real-time prediction of thermal sensation without coupling to a thermophysiological human model, reducing experimental effort and simulation time. This is particularly beneficial for climate wind tunnel testing, enabling faster evaluation of configuration changes and immediate feedback during test campaigns. The proposed method does not aim to replace detailed thermophysiological human models but provides a computationally efficient alternative for comfort evaluation in vehicle development.

Finally, the developed method is demonstrated using three practical application examples. The first example presents a digital comfort assessment in the cabin of an autonomous people mover from the UNICARagil research project. Passenger comfort at one of the six seats is evaluated during a winter heat-up simulation with and without heated interior surfaces. The key metric is the time required to reach thermally neutral sensation starting from an initial temperature of −20 °C, in accordance with DIN 1946-3. In the baseline case, a constant air mass flow of 11.8 kg min^{-1} at 60 °C is supplied at the HVAC inlet. In the comparison case, surface heating elements providing an additional 1500 W are integrated into the simulation. The target cabin temperature of 20 °C and thermally neutral sensation are not achieved within 30 minutes in the baseline case. With surface heating, thermal neutrality is reached after 1476 s without increasing inlet air temperature or mass flow. Draught rate analysis after reaching thermal neutrality reveals high values in the lower body region. Consequently, airflow rates should be reduced after achieving thermal neutrality to prevent local discomfort. This example demonstrates the application of the digital twin in early development phases and highlights the impact of heated interior surfaces on occupant comfort. It also shows how the method can be used to evaluate different airflow strategies and their effect on comfort and draught perception in simulation.

The second application example involves a comfort assessment under stationary boundary conditions in a battery-electric vehicle using the hardware manikin. The vehicle is soaked at 23 °C and measurements are conducted at constant ambient temperature. Four climate control strategies with different airflow distributions at a constant inlet temperature of 20 °C are compared. All cases are near thermal neutrality, with temperature differences below 0.2 K. Air temperature distribution on the manikin is homogeneous, with a standard deviation below 0.4 K. Relative humidity ranges between 52 and 54 %. Without HVAC operation, PMV_g is 0.32. This value decreases to −0.41 in automatic mode at 20 °C. Instrument panel ventilation yields similar values, while defrost ventilation results in the most neutral value of −0.09.

Footwell ventilation yields a value of −0.15. Draught rates are highest in automatic and instrument panel modes, particularly around the right neck and upper body. Defrost ventilation significantly reduces draught in these areas, while footwell ventilation produces a more uniform distribution with all values below 30 %. These results demonstrate that even near thermal neutrality, differences in the comfort value can be measured with the manikin. By evaluating the draught rates at different parts of the body, clear differences between ventilation concepts can be identified. This can be particularly helpful for fine-tuning HVAC systems close to thermal neutrality.

In the third example, measurements are conducted in a convertible vehicle in the FKFS thermal wind tunnel. Airflow velocities are directly measured at several body locations on the manikin. Six aerodynamic configurations aimed at reducing cabin backflow and draught are compared using flow velocities, turbulence intensities and thermal sensation measured over 30 second intervals. The results of the velocity probes show quantifiable effects of the aerodynamic modifications on the cabin airflow. While overall thermal comfort can be assessed using whole-body sensation, this does not fully capture locally high velocities and turbulence. The measurements shown are conducted at a constant ambient temperature of 22 °C. However, climate wind tunnel tests at different ambient temperatures would allow investigation of the effects of the HVAC system or neck ventilation integrated into the vehicle's seat on temperatures near the passenger and the resulting thermal comfort.

The developed manikin enables rapid setup and objective thermal comfort evaluation within vehicle interiors. Combined with its digital twin and simulation process, the method is applicable throughout the development cycle. The strong agreement between measurement-based and virtual assessments enables effective integration of experimental testing and digital development. Direct measurement of airflow velocities in addition to temperatures allows detailed analysis of the velocity field around occupants. This capability is particularly valuable for optimizing air outlet geometries, HVAC concepts and aerodynamic measures in convertible vehicles. Overall, the presented approach contributes to bridging the gap between virtual development and experimental comfort assessment in automotive applications.

1 Einleitung

Ein angenehmes und neutrales Innenraumklima ist für das allgemeine Wohlbefinden von Fahrzeuginsassen wichtig. Der sogenannte thermische Komfort ist eine wichtige Zielgröße bei der Fahrzeugentwicklung. Er beeinflusst den insgesamt wahrgenommenen Komfort im Fahrzeuginnenraum und hat folglich Auswirkungen auf die Nutzerzufriedenheit. Er wird sowohl durch viele Einzelkomponenten des Fahrzeugs als auch dem Zusammenspiel aller Komponenten sowie der Regelung dieser beeinflusst und muss unter allen im Betrieb auftretenden Umgebungsbedingungen sichergestellt werden. Angesichts der wachsenden Nachfrage nach batterieelektrischen Fahrzeugen (englisch: battery electric vehicle, BEV) ist dies von besonderem Interesse, da hier die Energie, die zur Aufrechterhaltung eines komfortablen Innenraumklimas erforderlich ist, direkt aus der Traktionsbatterie entnommen werden muss und damit die Reichweite des Fahrzeugs maßgeblich beeinflusst. Darüber hinaus trägt das Aufrechterhalten einer thermisch neutralen Umgebung zur Steigerung der Konzentrationsfähigkeit und damit zur Fahrsicherheit bei [1, 2]. Neue Forschungsergebnisse deuten außerdem darauf hin, dass die thermische Empfindung das Immunsystem des menschlichen Körpers beeinflussen kann [3]. Folglich ist die Sicherstellung des thermischen Komforts aller Insassen ein wichtiges Entwicklungsziel moderner Fahrzeuge und muss während des gesamten Entwicklungsprozesses berücksichtigt werden. Hierzu sind in den unterschiedlichen Phasen entsprechend geeignete Bewertungsmethoden erforderlich.

Ein Ansatz zur Bewertung des thermischen Komforts sind Versuchsreihen mit menschlichen Probanden und einer subjektiven Bewertung [4]. Diese haben jedoch einige Einschränkungen. Sie bilden meist nur das subjektive Empfinden eines oder einer Gruppe von Probanden ab. Soll eine allgemein gültige Aussage getroffen werden, sind hier große Probandengruppen erforderlich. Dies führt zu einem hohen zeitlichen und organisatorischen Aufwand, welcher häufig aufgrund von Prüfstandverfügbarkeiten nicht realisierbar ist. Außerdem unterliegen Probandenversuche immer subjektiven Einflüssen, die je nach Tagesform und Gesundheitszustand der Probanden starken Schwankungen unterliegen und nicht immer ausreichend kontrolliert werden können. Die Durchführung solcher Porbandenbefragungen ist in frühen Entwicklungsstadien oft unpraktisch oder nicht möglich. Der Perso-

D. Gehringer, *Objektive Bewertung des thermischen Innenraumkomforts in Simulation und Experiment*, Wissenschaftliche Reihe Fahrzeugtechnik Universität Stuttgart, https://doi.org/10.1007/978-3-658-51618-5_1

nenkreis ist im Falle eines Prototyps aus Gründen der Geheimhaltung stark eingeschränkt. Deshalb ist ein standardisierter Prozess mit objektiven Komfortbewertungen unerlässlich. Ist noch kein physischer Prototyp eines Fahrzeugs vorhanden, sind keine Probandenversuche möglich. Hier ist eine Methode mit virtueller Komfortvoraussage in einer geeigneten Simulationsumgebung erforderlich.

Ziel der vorliegenden Arbeit ist die Entwicklung eines Messsystems zur objektiven Bewertung des thermischen Innenraumkomforts sowie eines zugehörigen digitalen Zwillings in einer geeigneten Simulationsumgebung. Die Ergebnisse des experimentellen und simulativen Ansatzes müssen vergleichbar sein, um die Anwendung in unterschiedlichen Entwicklungsstadien zu ermöglichen. Damit der Einfluss von Konfigurationsänderungen direkt evaluiert werden kann, muss die Berechnung der Komfortbewertung in Echtzeit erfolgen. Das entwickelte System muss zudem die Messung und Bewertung von Innenraumströmungen unterschiedlicher Belüftungskonzepte sowie Zugluft in Fahrzeugen mit offenem Verdeck zulassen. Es wird ein Komfort-Manikin entwickelt, das in der Lage ist, eine thermische Komfortbewertung für den gesamten Körper abzugeben und gleichzeitig Faktoren wie Luftgeschwindigkeit, Zugluft und Temperatur an bestimmten Körperstellen zu messen und zu bewerten. Für frühe Entwicklungsphasen wird zudem ein digitaler Zwilling des Manikins entwickelt. Er liefert vergleichbare Ergebnisse zu den Messungen des physischen Manikins. Dieser Ansatz erleichtert die umfassende Bewertung des thermischen Komforts in allen Stadien der Fahrzeugentwicklung. Die Arbeit beschreibt das thermische Komfortmanikin mit seiner zugehörigen Software. Es werden experimentelle Messungen in einer Klimaprüfkammer durchgeführt, um den Simulationsansatz des digitalen Zwillings zu validieren. Außerdem wird die vorgestellte Methode mit bestehenden Komfortmodellen verglichen und einige Anwendungsbeispiele aus der Praxis vorgestellt.

2 Grundlagen

In diesem Kapitel werden die thermischen Randbedingungen beschrieben, die bei Betrieb eines Fahrzeugs auf die Innsassen wirken. Dazu werden zuerst die grundlegenden Wärmeübertragungsmechanismen dargestellt. Danach werden die Welchselwirkung zwischen einer Fahrzeugkabine und ihrer Umwelt sowie ihrem Einfluss auf die Insassen genauer skizziert. Um die Auswirkungen dieser Umgebungsbedingungen und den technischen Einrichtungen zur Klimatisierung im Fahrzeug auf dem Menschen zu verstehen, wird außerdem auf die Thermophysiologie eingegangen und der Begriff des thermischen Komforts erklärt.

2.1 Wärmeübertragungsmechanismen

Zur Modellierung der thermischen Umgebung und der Fahrzeugkabine sowie dem Wärmeaustausch zwischen dem Menschen und seiner Umwelt müssen die drei grundlegenden Wärmeübertragungsmechanismen Leitung, Konvektion und Strahlung sowie der Wärmeaustausch durch Verdungstung berücksichtig werden. Im Folgenden werden die Grundgleichungen zur Beschreibung dieser Mechanismen erklärt. Diese sind vor allem in Hinblick auf die Abbildung der Fahrzeugkabine und ihrem Wärmeaustausch in der Simulationsumgebung sowie der Beschreibung der thermischen Wechselwirkung zwischen Menschen und ihrer Umwelt wichtig.

2.1.1 Wärmeleitung

Die Wärmeleitung beschreibt den Wärmefluss in einem Feststoff oder ruhenden Fluid. Die Wärme fließt dabei stets in Richtung geringerer Temperatur und es gilt der Energieerhaltungssatz. Die Grundlage zur Berechnung der stationären Wärmeleitung wird durch die Gleichung

$$\dot{Q} = -\lambda\, A\, \frac{\mathrm{d}\vartheta}{\mathrm{d}x} \qquad \text{Gl. 2.1}$$

D. Gehringer, *Objektive Bewertung des thermischen Innenraumkomforts in Simulation und Experiment*, Wissenschaftliche Reihe Fahrzeugtechnik Universität Stuttgart, https://doi.org/10.1007/978-3-658-51618-5_2

beschrieben. Sie gibt den Zusammenhang zwischen dem Wärmestrom $\dot{Q}$ und dem Temperaturverlauf in einer ebenen Wand wieder. Dabei ist λ der örtliche Wärmeleitkoeffizient des Stoffs, A die durchströmte Querschnittsfläche und $\mathrm{d}\vartheta\ \mathrm{d}x^{-1}$ der Temperaturgradient über der Strecke $\mathrm{d}x$. Diese Gleichung kann zur Berechnung in einer ebenen Wand, einem Zylinder oder einer Kugel verwendet werden. Vorausgesetzt wird, dass die Wandtemperaturen ϑ_1 und ϑ_{n+1} bekannt sind. Durch die Erweiterung der Gl. 2.1 auf eine ebene Wand mit n Schichten ergibt sich die Beziehung

$$\dot{Q} = \frac{A\,(\vartheta_1 - \vartheta_{n+1})}{\frac{s_1}{\lambda_1} + \frac{s_2}{\lambda_2} + \cdots + \frac{s_n}{\lambda_n}}, \qquad \text{Gl. 2.2}$$

wobei $s_1, s_2, \dots, s_n$ die Dicke der jeweiligen Schicht mit dem zugehörigen Wärmeleitkoeffizient λ_n ist [5]. Die vorherigen Gleichungen gelten für stationäre Zustände. Zur Beschreibung von zeitlich veränderlichen Temperaturfeldern kann die Grundgleichung der instationären Wärmeleitung durch Kombination des ersten Hauptsatzes der Thermodynamik und des Fourierschen Grundgesetztes gewonnen werden. Unter Annahme einer konstanten Wärmeleitfähigkeit λ kann das Temperaturfeld in kartesischen Koordinaten mit der Gleichung

$$\rho\, c_p\, \frac{\partial\vartheta}{\partial t} = \lambda \left(\frac{\partial^2\vartheta}{\partial x^2} + \frac{\partial^2\vartheta}{\partial y^2} + \frac{\partial^2\vartheta}{\partial z^2} \right) \qquad \text{Gl. 2.3}$$

berechnet werden [5]. Dabei ist ρ die Dichte des Materials und c_p die spezifische Wärmekapazität bei konstantem Druck. Die zeitliche Temperaturänderung wird durch die Differentiation $\partial\vartheta\ \partial t^{-1}$ beschrieben und die Temperaturänderung entlang der drei Raumrichtungen durch den Ausdruck in der Klammer auf der rechten Seite von Gl. 2.3. Die spezifische Wärmekapazität c charakterisiert die Fähigkeit eines Stoffes thermische Energie zu speichern. Es gilt dabei zwischen der spezifischen Wärmekapazität bei konstantem Volumen c_v sowie bei konstantem Druck c_p zu unterschieden. Die spezifische Wärmekapazität kann bei bekannter Masse m sowie der zugeführten oder entzogenen Wärme ΔQ und der zugehörigen Temperaturänderung $\Delta\vartheta$ zu

$$c = \frac{\Delta Q}{m\,\Delta\vartheta} \qquad \text{Gl. 2.4}$$

berechnet werden [5].

2.1.2 Konvektion

Die Konvektion beschreibt den Wärmetransport durch Materie einer Strömung. Es kann dabei grundsätzlich zwischen freier, bei der sich die Fluidströmung aus Dichteunterschieden ergibt, sowie erzwungener Konvektion, bei der die Strömung durch äußere Kräfte hervorgerufen wird, unterschieden werden. Der Wärmestrom durch Konvektion berechnet sich zu

$$\dot{Q} = h_c \, A \, \Delta\vartheta, \qquad \text{Gl. 2.5}$$

dabei ist $\Delta\vartheta$ die treibende Temperaturdifferenz zwischen dem Körper und dem Fluid, A die umströmte Oberfläche und h_c der konvektive Wärmeübergangskoeffizient [5]. Der Wärmeübergangskoeffizient kann entweder durch Lösen von empirisch analytischen Formeln mit Hilfe von experimentellen Messdaten oder durch Strömungssimulationen bestimmt werden. Die dimensionslose Nußelt-Zahl

$$Nu = \frac{h_c \, L}{\lambda_f} \qquad \text{Gl. 2.6}$$

setzt den Wärmeübergangskoeffizienten h_c und die charakteristische Länge eines umströmten Körpers L ins Verhältnis mit der Wärmeleitfähigkeit des Fluids λ_f. Sie kann abhängig vom betrachteten Fall durch verschiedene empirische Funktionen, sogenannte Korrelationen, bestimmt werden [5].

Bei der Verdunstung handelt es sich um einen Spezialfall der Konvektion mit einem Phasenübergang von flüssigem Wasser in gasförmigen Wasserdampf unterhalb des Siedepunkts. Wenn sich ein Wasserfilm auf einer Oberfläche befindet und von ungesättigter Luft überströmt wird, nimmt der Luftstrom Wasserdampf aus dem Wasserfilm auf. Dies ist auf die Maxwell-Boltzmann-Verteilung der Wassermoleküle zurückzuführen. Schnell bewegte Moleküle können ihre Bindung verlieren und so in die angrenzende Strömung eintreten. Für diese Verdampfung wird Wärmeenergie, die sogenannte Verdampfungsenthalpie, aus dem Wasserfilm oder dem Luftstrom entzogen, welche sich in der Folge abkühlen. Man spricht dabei von einer Verdampfungskühlung [5].

2.1.3 Wärmestrahlung

Körper geben auch Wärmeenergie als elektromagnetische Strahlung ab. Nach [6] bestimmt neben der thermodynamischen Oberflächentemperatur T und der Stefan-Boltzmann-Konstante σ der Emissionsgrad ε einer Fläche A deren abgegebenen Wärmestrom

$$\dot{Q} = \varepsilon\, \sigma\, A\, T^4. \quad \text{Gl. 2.7}$$

Auf einen Körper auftreffende Strahlung kann teilweise reflektiert, absorbiert und auch transmittiert werden. Diese Anteile werden jeweils als Reflexionsgrad ρ, Absorptionsgrad α und Transmissionsgrad τ bezeichnet. Abhängig vom Material des Körpers sowie der Wellenlänge der Strahlung variieren diese Anteile, im Wellenlängenbereich der elektromagnetischen Strahlung gilt

$$\alpha + \tau + \rho = 1. \quad \text{Gl. 2.8}$$

Bei strahlungsundurchlässigen Körpern gilt $\tau = 0$ und damit folgt aus Gl. 2.8 $\alpha = 1 - \rho$. Nach Kirchhoff [7] entspricht der Emmissionsgrad ε eines Körpers bei gleicher Temperatur und Wellenlänge seinem Absorptionsgrad α. Um den Wärmeaustausch durch Strahlung zwischen zwei Körpern 1 und 2 zu berechnen, muss deren Lage und Orientierung zueinander berücksichtigt werden. Dies wird durch den sogenannten Sichtfaktor beschrieben. Er kann für die Teilflächen A_1 und A_2 der Körper mit deren Raumwinkeln β_1 und β_2 sowie dem Abstand r zueinander durch Integration berechnet werden:

$$F_{12} = \frac{1}{\pi A_1} \int_{A_1} \int_{A_2} \frac{\cos\beta_1 \cos\beta_2}{r^2}\, \mathrm{d}A_1 \mathrm{d}A_2\,. \quad \text{Gl. 2.9}$$

Die sogenannte Reziprozitätsbeziehung lautet

$$A_1 F_{12} = A_2 F_{21}, \quad \text{Gl. 2.10}$$

somit muss beim Strahlungsaustausch zwischen zwei Körpern nur einer der beiden Sichtfaktoren berechnet werden [6]. Unter Annahme zweier nicht konkaven, grauen, diffus strahlenden Oberflächen ergibt sich damit für den Strahlungsaustausch zwischen den beiden der Wärmestrom

$$\dot{Q}_{12} = \frac{\sigma \varepsilon_1 \varepsilon_2 A_1 F_{12}}{1 - (1 - \varepsilon_1)(1 - \varepsilon_2) F_{12} F_{21}} (T_1^4 - T_2^4) \text{ [5].} \quad \text{Gl. 2.11}$$

2.2 Thermische Umgebungsbedingungen in einer Fahrzeugkabine

Im Betrieb findet ein ständiger Wärmeaustausch zwischen Fahrzeugkabine und der Umgebung statt. Die zugrundeliegenden Wärmetransportmechanismen sind hierbei die zuvor beschriebene Wärmeleitung, Konvektion und Strahlung. Außerdem kann durch die aktive Belüftung der Kabine, z. B. durch die Klimatisierungsanlage oder geöffnete Fenster, ein Stofftransport zwischen den beiden Systemen stattfinden. In **Abbildung 2.1** sind die maßgeblichen Wärmeströme zwischen einer Fahrzeugkabine und ihrer Umgebung am Beispiel des People Movers autoSHUTTLE aus den Forschungsprojekt UNICARagil gezeigt.

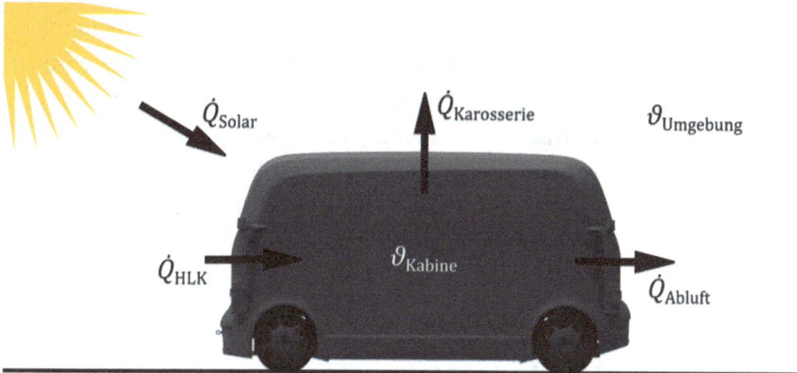

Abbildung 2.1: Wärmeströme in die Fahrzeugkabine im Winterbetrieb, in Anlehnung an [8].

An diesem Kooperationsprojekt [9] waren insgesamt sieben deutsche Universitäten mit 15 Instituten und sechs Industriepartnern beteiligt und es wurden vier voll-autonome, batterieelektrische Fahrzeuge für den Einsatz im urbanen Raum entwickelt und aufgebaut. Die gezeigten Wärmeströme sind maßgeblich von den Umgebungsbedigungen, in denen das Fahrzeug betrieben wird, abhängig. Je nach Umgebungstemperatur und Einfluss der Solarstrahlung kann sich dabei die Richtung der Wärmeströme umkehren. Im gezeigten Fall wird von einer niedrigeren Außentemperatur im Vergleich zur Innentemperatur der Kabine ausgegangen, wie dies beispielsweise im Winterbetrieb auftritt. Im gezeigten Fall muss der Wärmeverlust durch die Karosserie sowie die Abluft von der Heizung, Lüftung und Klima-Anlage (HLK) des Fahrzeugs kompensiert werden. Ziel ist es hierbei ein gleichmäßiges Klima in der Kabine zu schaffen, das möglichst unabhängig von den äußeren Bedingungen ist. Die angestrebte klimatische Bedingung soll für die Insassen des Fahrzeugs möglichst angenehm wahrgenommen werden. Je nach Fahrzeugtyp ergeben sich hier mehr oder weniger große Toleranzen für die Abweichung des Klimas, so kann beispielsweise in einem Linienbus eine höhere Abweichung im Vergleich zu einem privat genutzen Personenkraftwagen (Pkw) toleriert werden [10]. Die Anforderungen an die HLK-Anlage eines Kraftfahrzeugs sowie ihre Wirkung auf die Insassen werden in DIN 1946-3 [11] (Deutsches Institut für Normung) beschrieben. Die für die vorliegende Arbeit relevanten Einflussfaktoren sind die Lufttemperatur, Luftgeschwindigkeit, Luftfeuchte, Oberflächentemperaturen der Umschließungsflächen und direkte Sonnenstrahlung. Die weiteren genannten Faktoren betreffen die Lufthygiene, das Geräusch, den Luftdruck sowie Schwingungen in der Fahrzeugkabine. Deren Einfluss auf das Komfortempfinden wird im Folgenden nicht genauer betrachtet. Jedoch kann in der Fahrzeugentwicklung auch die gemeinsame Betrachtung mehrerer Einflussfaktoren auf den Komfort sowie deren Wechselwirkungen aufeinander erfolgen [12]. Die Einflussfaktoren auf das thermische Empfinden sowie die thermoregulatorischen Mechanismen eines Menschen werden im Folgenden genauer beschrieben.

2.3 Thermophysiologie des Menschen

Der menschliche Organismus ist gleichwarm und hält die Körperkerntemperatur unabhängig von der Umgebungstemperatur weitgehend konstant. Da durch verschiedene Stoffwechselprozesse sowie körperliche Aktivität Wärme im Körper entsteht, befindet sich der Mensch im ständigen thermischen Austausch mit seiner Umgebung. Der Körperkern sowie die Haut weisen dabei in den meisten Fällen eine höhere Temperatur als die Umgebung auf, es wird somit Wärme vom Menschen an die Umgebung abgegeben. In diesem Fall findet die Wärmeabgabe hauptsächlich durch Konvektion und Strahlung, der sogenannten trockenen Wärmeabgabe statt. Liegt die Umgebungstemperatur oberhalb der Hauttemperatur, kann die Wärmeabgabe nur noch durch eine Schweißabgabe der Haut und anschließender Verdunstung stattfinden [13]. Durch Kältezittern kann bei niedrigen Umgebungstemperaturen Wärme im Körper generiert werden, um die Körpertemperatur aufrecht zu erhalten. In der sogenannten thermischen Neutralzone findet kein Zittern oder Schwitzen statt, dieser Temperaturbereich muss jedoch nicht zwingend mit einem Gefühl der Behaglichkeit einhergehen.

Durch unterschiedliche Regulationsmechanismen des Körpers kann die abgegebene Wärmemenge beeinflusst werden und so auf unterschiedliche Umgebungstemperaturen reagiert werden. Die Körperkerntemperatur wird dabei konstant bei ca. 37 °C gehalten. Die Wärmeabgabe wird hauptsächlich durch eine Temperaturvariation der Körperschale zwischen 27 und 36 °C angepasst [13, 14]. Die mittlere Hauttemperatur liegt bei einem nackten Menschen zwischen 33 und 34 °C im thermoneutralen Bereich. Dies korreliert mit einem Umgebungstemperaturbereich von 28 bis 30 °C für einen unbekleideten und 20 bis 22 °C für einen bekleideten Menschen [13].

Die Wärmeabgabe wird dabei maßgeblich durch die körperliche Aktivität des Menschen sowie der Bekleidung bzw. deren Isolationswirkung beeinflusst. Abgesehen von dieser willentlichen Beeinflussung der Wärmeabgabe, z. B. durch Wahl der Bekleidung, kann auch eine autonome Regulation durch Prozesse im menschlichen Körper stattfinden. Durch die sogenannte Thermoregulation wird die Körpertemperatur konstant gehalten. Es kann dabei Wärme durch Konvektion, Strahlung und Vedunstung abgegeben oder durch verschiedene Prozesse im Körper generiert werden. Dies erfordert ein präzises und schnelles Messen der Umgebungstemperatur durch den Körper, welches durch Thermorezeptoren in der Haut erfolgt, die in Warm- und Kaltrezeptoren unterteilt sind. Die Rezeptordichte pro Hautoberfläche sowie deren Sensitivität variiert je nach Körperregion [13]. Die Rezeptoren liegen in unterschiedlichen Tiefen innerhalb der Hautschichten, dadurch können auch Temperaturgradienten zwischen den Schichten empfunden werden [15]. Folglich ist die Empfindung eines auf die Haut aufgebrachten Wärme- oder Kältereizes je nach Körperregion unterschiedlich. In den Arbeiten von Gerrett und Ouzzahra et al. werden hierzu abhängig vom Geschlecht und der körperlichen Betätigung Angaben gemacht [14, 16–19].

2.4 Thermischer Komfort

Es bestehen mehrere, leicht unterschiedliche Definitionen des thermischen Komforts. Im Allgemeinen wird darunter jedoch eine Gefühlslage des Menschen verstanden, bei der er mit seiner thermischen Umgebung zufrieden ist und keine Änderung dieser wünscht bzw. bei der keine Unbehaglichkeit durch thermische Einflüsse besteht [20, 21]. Durch die große Anzahl sowohl äußerer als auch indivudieller Einflussfaktoren ist es nicht möglich alle Menschen mit einer gegebenen thermischen Umgebung zufrieden zu stellen. Deshalb ist nach Fanger [22] der optimale thermische Komfort für alle dann erreicht, wenn sich der höchst mögliche Prozentsatz der betreffenden Menschen im thermischen Komfort befindet. Durch die stark individuelle und subjektive Natur mit vielen pysiologischen Einflussfatkoren, kann der thermische Komfort nicht direkt berechnet oder gemessen werden. Deswegen besteht der gängige Ansatz zur objektiven Vorhersage des Komforts aus einer Korellation von Messgrößen mit subjektiven Bewertungen einer Gruppe von Menschen. Der thermische Komfort des Menschen wird von verschiedenen Faktoren beeinflusst, die in externe Faktoren aus der Umgebung und interne Faktoren aus physiologischen Prozessen im menschlichen Körper unterteilt werden können. Nach Brandes et al. [13] müssen die Faktoren Lufttemperatur, Luftfeuchte, Luftgeschwindigkeit sowie Strahlungstemperatur berücksichtigt werden, um die Wirkung eines Umgebungsklimas auf den Menschen abzuschätzen. Die vom Insassen getragene Kleidung beeinflusst die Wärmeabgabe des Körpers signifikant, indem sie als isolierende Schicht auf der Haut wirkt. Die Stoffwechselrate berücksichtigt die interne Wärmeerzeugung durch metabolische Prozesse im menschlichen Körper, wobei sie hauptsächlich durch das Aktivitätsniveau der Person beeinflusst wird. Die Akklimatisierung an das Umgebungsklima spielt bei der Bestimmung des thermischen Komforts ebenfalls eine Rolle. Forschungsergebnisse deuten darauf hin, dass die Erwartungen der Insassen an das Raumklima durch das Außenklima und ihre Möglichkeit, das Raumklima zu regulieren, beeinflusst werden [23]. Das Außenklima bestimmt außerdem maßgeblich die Kleidungswahl der Insassen und beeinflusst somit die Isolierungswirkung auf den menschlichen Körper. Einige Modelle, die eine Vorhersage zur thermischen Behaglichkeit auf Basis von messtechnisch erfassten Umgebungsbedingungen erlauben, werden im nächsten Kapitel vorgestellt.

3 Stand der Technik

Die thermische Behaglichkeit hat einen maßgeblichen Einfluss auf das Gesamtkomfortempfinden bei der Nutzung eines Fahrzeugs [24, 25]. Deshalb muss sie bereits bei der Entwicklung neuer Fahrzeuge und deren Komponenten in Betracht gezogen werden. Aktuelle Serienfahrzeuge bieten in den meisten Fällen bereits eine automatische Regelung der Klimatisierungseinrichtung für den Fahrgastraum. Zur Bewertung des thermischen Empfindens bestehen in Wissenschaft und Praxis bereits unterschiedliche Ansätze. In diesem Kapitel werden einige verbreitete Komfortmodelle vorgestellt sowie deren Vor- und Nachteile beleuchtet. Danach werden einige Komfortmanikins, die auf diesen Modellen basieren und in der Fahrzeugentwicklung Einsatz finden, beschrieben.

3.1 Klimasummenmaße

Es bestehen verschiedene Ansätze um die in Abschnitt 2.3 beschriebenen Einflussfaktoren auf den thermischen Komfort eines Menschen in einer einzelnen Größe zusammenzufassen. Ein gegebenes thermisches Empfinden kann durch unterschiedliche Kombinationen der Einflussparameter erreicht werden. Beispielsweise kann der Einfluss einer hohen Lufttemperatur teilweise durch eine erhöhte Strömunggeschwindigkeit kompensiert werden. Durch die Integration in Klimasummenmaßen soll die Bewertung dieser Wechselwirkungen vereinfacht werden. Im Folgenden wird auf einige wichtige kurz eingegangen. Der Energieumsatz eines Menschen wird zur Vereinfachung in der Einheit met und die Bekleidungsisolation in clo angegeben. Dabei gilt 1 met entspricht 58,2 W m^{-2} und 1 clo entspricht 0,155 m^2 °C W^{-1}.

3.1.1 Operativtemperatur

Die Operativtemperatur integriert die Luft- und Strahlungstemperatur einer Umgebung in einer Größe. Sie wurde erstmals von Winslow et al. 1937 definiert [26]. Die Theorie wurde 1940 von Gagge um die Standard-

D. Gehringer, *Objektive Bewertung des thermischen Innenraumkomforts in Simulation und Experiment*, Wissenschaftliche Reihe Fahrzeugtechnik Universität Stuttgart, https://doi.org/10.1007/978-3-658-51618-5_3

Operativtemperatur erweitert [27]. Die beiden Definitionen decken sich weitestgehend und basieren auf dem newton'schen Abkühlungsgesetz, allerdings wird bei der Standard-Operativtemperatur von einer standardisierten Kühlrate ausgegangen. Die Operativtemperatur bildet den Einfluss von Wand und Luft auf den Menschenen ab. Dabei wird der Durchschnitt der Wand- und Lufttemperatur nach den Wärmeübergangsanteilen aus Strahlung und Konvektion gewichtet [26]. Sie stellt also die gleichmäßige Temperatur einer imaginären Umgebung dar, bei der ein Mensch die gleiche Wärmemenge abgibt wie in einer tatsächlichen inhomogenen Umgebung, siehe **Abbildung 3.1**. Die Operativtemperatur ist die sich in der imaginären Umgebung einstellende gleichmäßige Lufttemperatur, die gleich der mittleren Strahlungstemperatur der Wände ist.

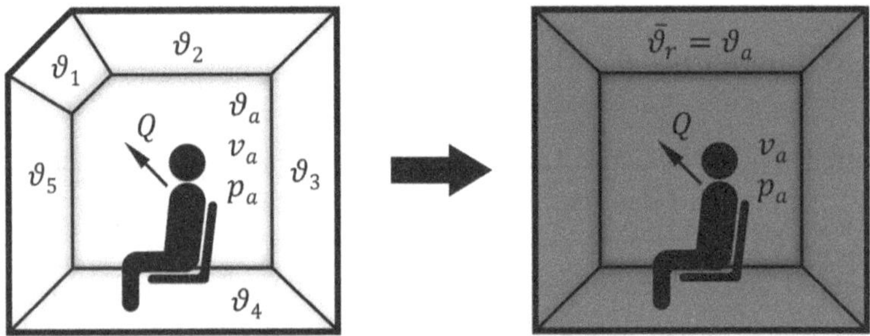

Abbildung 3.1: Definition der Operativtemperatur: tatsächliche inhomogene Umgebung (links), Imaginäre Umgebung (rechts), in Anlehnung an [28].

3.1.2 Effektivtemperatur

Die Effektivtemperatur wurde von Houghton und Yaglou [29] entwickelt. Sie integriert die Luft- und Wandtemperatur sowie die Strömungsgeschwindigkeit und Wasserdampfpartialdruck bzw. relative Luftfeuchte. Es wird keine Wärmestrahlung berücksichtigt, d. h. es wird von einer unwesentlichen Differenz zwischen Luft- und Wandtemperaturen ausgegangen. Die relative Luftfeuchte in der imaginären Umgebung entspricht in der Definition 50 %. Es kann dabei zwischen der Normal- und Basis-Effektivtemperatur unterschieden werden. Die Normal-Effektivtemperatur wird bei der Betrachtung von bekleideten Menschen mit Kleidungsisolationswerten zwischen 0,5 und

1,0 clo angewendet. Wobei die Basis-Effektivtemperatur für Menschen mit unbekleidetem Oberkörper und Kleidungsisolationen unter 0,5 clo definiert ist. Die Bestimmung der beiden Temperaturen erfolgt jeweils mit Hilfe unterschiedlicher Nomogramme [30].

3.1.3 Äquivalenttemperatur

Für die detailierte Bewertung des Einflusses einer inhomogenen thermischen Umgebung in einer Fahrzeugkabine auf einzelne Körperteile eines Insassen wird in ISO 14505-1 (Internationale Organisation für Normung) die Äquivalenttemperturmethode nach ISO 14505-2 empfohlen [31]. Darin wird Äquivalenttemperatur als die „Temperatur eines homogenen Raumes mit einer mittleren Strahlungstemperatur gleich der Lufttemperatur und einer Luftgeschwindigkeit von Null, in dem der Wärmeverlust einer Person durch Konvektion und Strahlung dem Wärmeverlust unter den tatsächlich beurteilten Bedingungen entspricht“ definiert [32]. Es wird hierbei versucht die tatsächlich vorherrschenden inhomogenen Umgebungsbedingungen sowie den gesamten trockenen Wärmeaustausch Q zwischen dem Insassen und der Umgebung aufgrund von Konvektion C und Strahlung R auf eine Temperatur eines imaginären Raumes mit homogenen Bedingungen zurückzuführen. Die Wärmeleitung zwischen einem Menschen und seiner Umgebung wird dabei als vernachlässigbar klein angenommen. Der Gesamtwärmeaustausch berechnet sich mit den Wärmeübergangskoeffizienten für Strahlung h_r und Konvektion h_c, der Hauttemperatur ϑ_{sk}, der mittleren Strahlungstemperatur $\bar{\vartheta}_r$ sowie der Lufttemperatur ϑ_a zu

$$Q = R + C = h_r(\vartheta_{sk} - \bar{\vartheta}_r) + h_c(\vartheta_{sk} - \vartheta_a). \qquad \text{Gl. 3.1}$$

Für einen Messwertaufnehmer kann damit die Äquivalenttemperatur nach

$$\vartheta_{eq} = \vartheta_s - \frac{Q}{h_{cal}} \qquad \text{Gl. 3.2}$$

berechnet werden, dabei ist ϑ_s die Oberflächentemperatur und h_{cal} der kombinierte Wärmeübergangskoeffizient. Dieser muss durch eine Kalibrierung in einer genormten Umgebung bestimmt werden. Dabei müssen homogene thermische Bedingungen herrschen, bei der die Lufttemperatur der mittleren Strahlungtemperatur entspricht und die Luftgeschwindigkeit kleiner 0,1 m s^{-1}

ist [32]. Ein Messwertaufnehmer zur Bestimmung der Äquivalenttemperatur muss also beheizt sein und die benötigte Heizleistung sowie die Oberflächentemperatur muss gemessen werden. Es kann entweder die Heizleistung so geregelt werden, dass sich eine konstante Oberflächentemperatur einstellt oder eine konstante Heizleistung verwendet und die Oberflächentemperatur gemessen werden. Ein geringerer Wärmeverlust ist nach Gl. 3.2 also durch eine höhere Äquivalenttemperatur und ein erhöhter Wärmeverlust durch eine geringere Äquivalenttemperatur gekennzeichnet. Der Emissionsgrad eines Messwertaufnehmers sollte dem einer Person entsprechen, wobei eine Bekleidung des jeweiligen Körperteils dabei berücksichtigt werden muss.

Die Definition der Äquivalenttemperatur ist am besten für den Wärmeaustausch des gesamten Körpers belegt. Für die lokale Anwendung mit einzelnen Körperteilen liegt nur begrenzt Erfahrung vor. Deshalb beschränkt sich die genormte Definition nach ISO 14505-2 nur auf die Anwendung für den gesamten Körper. Zur Berechnung der Äquivalenttemperatur für den gesamten Körper aus den Daten mehrerer Messwertaufnehmer wird dabei eine Gewichtung nach der Fläche der jeweiligen Körperzonen verwendet. Es werden die Oberflächentemperaturen sowie Wärmeströme vor der Berechnung nach Gl. 3.2 mit dem Flächenanteil gewichtet. Die Äquivalenttemperatur berücksichtigt keine Wahrnehmung, Empfindungen oder sonstige subjektive Aspekte der Insassen [32]. Diese müssen mit Hilfe von Komfortzonendiagrammen, die in Unterabschnitt 3.2.2 genauer beschrieben werden, für definierte Lastfälle basierend auf zuvor festgelegten Bekleidungsisolationen berücksichtigt werden.

3.2 Komfortmodelle

Um die thermische Behaglichkeit einer Umgebung zu quantifizieren, ist die Messung der Umgebungsbedingungen mit geeigneten Sensoren notwendig. Dazu gehören die zuvor beschriebenen Einflussfaktoren auf das thermische Empfinden wie Lufttemperatur, Luftgeschwindigkeit, relative Luftfeuchtigkeit und die Temperatur der umgebenden Oberflächen. Neben der Messung und direkter Interpretation dieser Parameter durch erfahrene Entwickler gibt es verschiedene Indizes bzw. Modelle zur objektiven Bewertung des thermischen Komforts. Diese kommen häufig aus dem Forschungsbereich der Gebäudeklimatisierung. Im Vergleich zu den Randbedingungen in einer Fahrzeugkabine ergeben sich hier einige Unterschiede. Aufgrund des Forschungsstandes werden die Modelle jedoch auch in Fahrzeugen angewendet.

3.2.1 PMV-Modell nach Fanger

Eines der bekanntesten ist das von Fanger [22] eingeführte Modell des vorausgesagten mittleren Votums, engl. Predicted Mean Vote (PMV). Es basiert auf Untersuchungen mit 1296 Probanden. Der Behaglichkeitsindex ist weit verbreitet und in ISO 7730 [21] sowie im American Society of Heating, Refrigerating and Air Conditioning Engineers (ASHRAE) Standard 55 [20] festgelegt. Auf der Grundlage der Prinzipien des Wärmehaushalts und der menschlichen Physiologie berechnet das PMV-Modell einen Index, der das durchschnittliche Wärmeempfinden einer Gruppe von Menschen darstellt. Er wird auf einer Skala von -3 bis 3 definiert, mit den entsprechenden Bewertungen: kalt, kühl, leicht kühl, neutral, leicht warm, warm und heiß. Ein neutrales thermisches Empfinden wird bei einem Wert von 0 auf dieser Skala erreicht. Seine weite Verbreitung in Forschung und Praxis kann auf seine Einfachheit, Anwendbarkeit und empirische Validierung zurückgeführt werden. Das PMV ist definiert als

$$PMV = [0{,}303\, e^{-0{,}036M} + 0{,}028] \left\{ \begin{array}{l} (M-W) - 3{,}05 \cdot 10^{-3}[5733 - 6{,}99(M-W) - p_a] \\ -0{,}42[(M-W) - 58{,}15] - 1{,}7 \cdot 10^{-5} M(5867 - p_a) \\ -0{,}0014M(34 - \vartheta_a) - 3{,}96 \cdot 10^{-8} f_{cl} \\ [(\vartheta_{cl} + 273)^4 - (\bar{\vartheta}_r + 273)^4] - f_{cl} h_c (\vartheta_{cl} - \vartheta_a) \end{array} \right\} \quad \text{Gl. 3.3}$$

mit dem Energieumsatz M, der wirksamen mechanischen Leistung W, dem Wasserdampfpartialdruck p_a, der Lufttemperatur ϑ_a, dem Bekleidungsflächenfaktor f_{cl}, der Oberflächentempertur der Kleidung ϑ_{cl}, der mittleren Strahlungstemperatur $\bar{\vartheta}_r$ und dem konvektiven Wärmeübergangskoeffizient h_c. Für die Formeln zur Berechnung der Faktoren wird an dieser Stelle auf ISO 7730 [21] verwiesen. Unter Verwendung des nach Gl. 3.3 berechneten PMV kann der vorausgesagte Prozentsatz der Unzufriedenen, engl. Predicted Percentage of Dissatisfied (PPD) wie folgt berechnet werden

$$PPD = 100 - 95\, e^{-0{,}03353\, PMV^4 - 0{,}2179\, PMV^2}. \quad \text{Gl. 3.4}$$

Einzelheiten darüber, wie jeder der zur Berechnung von PMV verwendeten Parameter mit geeigneten Messgeräten ermittelt wird, werden in Abschnitt 4.2 beschrieben. **Tabelle 3.1** zeigt die siebenstufige PMV-Skala vom Likert-Typ [33] mit dem jeweiligen thermischen Empfinden und dem gemäß Gl. 3.4 berechneten PPD.

Tabelle 3.1: PMV-Skala mit thermischem Empfinden und Prozentsatz der Unzufriedenen (PPD), aus [21].

PMV	**Empfinden**	***PPD* in %**
3	heiß	100
2	warm	75
1	etwas warm	25
0	neutral	5
-1	etwas kühl	25
-2	kühl	75
-3	kalt	100

Bei der Beurteilung der thermischen Behaglichkeit ist es wichtig, den Turbulenzgrad des Luftstroms um einen Insassen zu berücksichtigen. Erhöhte Turbulenzwerte können auch bei einem sonst neutralen thermischen Empfinden zu einem Gefühl der Zugluft führen [34]. Dies kann durch die sogenannte Zugluftrate, engl. Draught Rate (DR), quantifiziert werden. Sie beschreibt den Prozentsatz der Personen, die einen bestimmten Strömungszustand aufgrund von Zugluft als unangenehm empfinden würden. Die Zugluftrate wird wie folgt berechnet

$$DR = \left(34 - \vartheta_{a,l}\right)\left(\bar{v}_{a,l} - 0{,}05\right)^{0.62}\left(0.37\,\bar{v}_{a,l}\,Tu + 3{,}14\right), \qquad \text{Gl. 3.5}$$

dabei ist $\vartheta_{a,l}$ die lokale Lufttemperatur, $\bar{v}_{a,l}$ die mittlere lokale Luftgeschwindigkeit und Tu der lokale Turbulenzgrad [35]. Der Turbulenzgrad berechnet sich in Prozent nach

$$Tu = \frac{SD_v}{\bar{v}_a}\,100, \qquad \text{Gl. 3.6}$$

wobei $\bar{v}_a$ die mittlere Strömungsgeschwindigkeit und SD_v die Standardabweichung der Strömungsgeschwindigkeit im Messintervall ist. Sie berechnet sich mit der Strömunggeschwindigkeit zum Zeitpunkt i in einem Messintervall $v_{a,i}$ nach [35] zu

$$SD_v = \sqrt{\frac{1}{n-1}\sum_{i=1}^{n}\left(v_{a,i} - \bar{v}_a\right)^2}. \qquad \text{Gl. 3.7}$$

Eine weitere Quelle für Unbehagen beim Insassenkomfort kann das Vorhandensein einer vertikalen Temperaturdifferenz sein. Diese Temperaturdifferenz wird zwischen dem Kopf und den Füßen $\Delta\vartheta_{a,v}$ berechnet. Insbesondere eine höhere Temperatur am Kopf nehmen Probanden dabei als unangenehm war. Für eine vertikale Temperaturdifferenz von $\Delta\vartheta_{a,v} < 8\ °C$ lässt sich der prozentuale Anteil der Unzufriedenen

$$PD = \frac{100}{1 + e^{5.76 - 0.856\,\Delta\vartheta_{a,v}}} \qquad \text{Gl. 3.8}$$

berechnen [21].

3.2.2 Komfortbänder nach Nilsson

Zur Korrelation der zuvor beschriebenen Äquivalenttemperatur zum subjektiven Empfinden von Menschen hat Nilsson Versuche mit Probanden und thermischem Manikins durchgeführt. Daraus wurden sogenannte Komfortzonen für 16 Körperbereiche unter unterschiedlichen Randbedingungen abgeleitet. Dazu wurden zuerst die Bewertungen der Probanden über der Äquivalenttemperatur aufgetragen und eine lineare Regression durchgeführt. Die Äquivalenttemperaturen der Schnittpunkte von den unterschiedlichen Empfindungsstufen mit den entstandenen Kurven wurden dann für jedes Körperteil in ein Diagramm übertragen. Zwei dieser Komfortbänder für einen typischen Sommer- und Winterfall sind in ISO 14505-2 [32] enthalten und in **Abbildung 3.2** dargestellt. Die gestrichelte Linie stellt dabei die Äquivalenttemperatur für ein neutrales Empfinden dar. Mit den gemessenen Äquivalenttemperaturen an unterschiedlichen Körperstellen kann so das thermische Empfinden einer Person abgeschätzt werden. Die Komfortzonen basieren hierbei immer auf einer zugrundeliegenden Stoffwechselrate und einem Bekleidungsfaktor [36, 37]. Der Ansatz ist hauptsächlich für die Bewertung von thermischen Bedingungen nahe der thermischen Neutralität bestimmt [32].

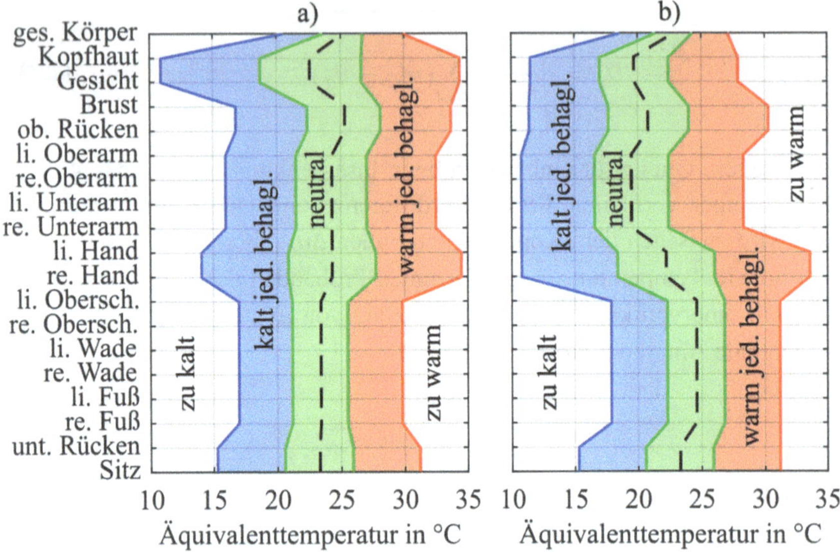

Abbildung 3.2: Komfortbänder nach Nilsson [37] für: a) Sommer und b) Winter.

3.2.3 Thermal Sensation und Dynamic Thermal Sensation nach Fiala

Fiala [38] hat ein Modell zur Vorhersage der Reaktion und des Empfindens von Menschen auf stationäre und transiente thermische Umgebungen vorgestellt. Es umfasst die Modellierung des thermoregulatorischen Systems und sagt die Körpertemperaturen, die Reaktionen sowie die Wärmeabgabe eines Menschen vorraus. Das enthaltene Komfortmodell prognostiziert auf Basis des thermoregulatorischen Modells das thermische Empfinden sowie den Prozentsatz an Unzufriedenen (PPD).

Das Menschmodell ist hierzu in mehrere Körperteile bzw. Segmente und mehrere Schichten unterteilt. Damit wird die Wärmeverteilung innerhalb des Körpers durch Blutfluss, Wärmeerzeugungsmechanismen, Wärmeleitung und der Ansammlung von Wärme berechnet. Zur Berechnung der Wärmeabgabe an die Umgebung werden die Konvektion, langwellige Strahlung, Solarstrahlung berücksichtigt. Darüber hinaus die Feuchtigkeitsverdampfung,

-diffussion und -ansammlung auf der Haut. Außerdem wird der Einfluss von Bekleidung auf die Wärmeabgabe berücksichtigt. Das thermophyisologische Modell wurde auf Basis von Messergebnissen aus Versuchen mehrerer Literaturquellen entwickelt. Diese zugrundegelegten Versuchsergebnisse umfassen unterschiedliche physiologische Größen von Probanden unter extrem kalten, kalten, kühlen, neutralen, warmen sowie heißen Umgebungsbedingungen. Eine Auflistung der verwendeten Quellen sowie die mathematische Formulierung des thermophysiologischen Modells sind ausführlich in [38] dargestellt.

Aus den berechneten Hauttemperaturen des thermopysiologischen Modells kann anschließend das thermische Empfinden berechnet werden. Nach Fiala eignet sich die Hauttemperatur als bester Indikator für das thermische Empfinden und wird deswegen zusammen mit der Kerntemperatur des Kopfes als Eingangsparameter für das Komfortmodell verwendet. Zur Entwicklung dieses Modells wurden Literaturquellen verwendet bei denen Probanden ihr thermisches Empfinden auf einer 7-stufigen Skala, wie sie auch Fanger verwendet hat, bewertet haben. Diese Skala wird ebenfalls für die Vorhersagewerte des thermischen Empfindungsmodells angewendet. Es wurden Untersuchungen verwendet bei denen nicht vorkonditionierte Porbanden unter verschiedensten, auch transienten Randbedingungen und während schwerer körperlicher Arbeit, Sport sowie sitzender Tätigkeiten zu ihrem Empfinden befragt wurden. Aus diesen Versuchsergebnissen wurde ein mathematisches Modell zur Bestimmung des thermischen Empfindens, engl. Thermal Sensation (TS), sowie dem dynamischen thermischen Empfinden, engl. Dynamic Thermal Sensation (DTS), abgeleitet. Das thermische Empfinden berechnet sich zu

$$TS = 3\tanh(f_{sk} + \Phi)\,, \qquad \text{Gl. 3.9}$$

wobei f_{sk} mit dem Fehlersignal der mittleren Hauttemperatur $\Delta\vartheta_{sk,m}$ nach

$$f_{sk} = \begin{cases} 1{,}026\,\Delta\vartheta_{sk,m} & ,\Delta\vartheta_{sk,m} > 0 \\ 0{,}298\,\Delta\vartheta_{sk,m} & ,\Delta\vartheta_{sk,m} < 0 \end{cases} \qquad \text{Gl. 3.10}$$

berechnet werden kann. Der Zusammenhang

$$\Phi = 6{,}662\, e^{\left(\frac{-0{,}565}{\Delta\vartheta_{hy}}\right)} e^{\left(\frac{-7{,}634}{5-\Delta\vartheta_{sk,m}}\right)} \qquad \text{Gl. 3.11}$$

berücksichtigt den Einfluss des Fehlersignals der Kerntemperatur des Kopfes $\Delta\vartheta_{hy}$. Dabei gilt $\Phi = 0$ für $\Delta\vartheta_{hy} \leq 0$ oder $\Delta\vartheta_{sk,m} \geq 5$ K. Die Fehlersignale der verwendeten Temperaturen berechnen sich jeweils aus der aktuellen Temperatur und der Temperatur bei thermischer Neutralität. Sie berücksichtigen also, ob eine warme oder kalte Umgebungsbedingung vorliegt. Durch Erweiterung von Gl. 3.9 um den Einfluss der dynamischen Komponenten

$$\Psi = \frac{\tau_- + \tau_+}{1 + \Phi}, \qquad \text{Gl. 3.12}$$

ergibt sich das dynamische thermische Empfinden zu

$$DTS = 3 \tanh(f_{sk} + \Phi + \Psi). \qquad \text{Gl. 3.13}$$

Die beiden Parameter τ_+ und τ_- berechnen sich aus der positiven oder negativen zeitlichen Änderungsrate der mittleren Hauttemperatur, zur genauen Berechnung wird auf [38] verwiesen. Zur Bestimmung des Prozensatzes an Unzufriedenen (PPD) wird die Berechnungsvorschrift von Fanger (Gl. 3.4) verwendet und der PMV- durch den DTS-Index substituiert.

3.2.4 UC Berkeley Komfortmodell nach Zhang

Das Komfortmodell der University of California, Berkeley (UCB) wurde 2003 von Zhang vorgestellt [39]. Der Fokus der Untersuchungen von Zhang sowie des Modells liegt auf transienten, inhomogenen Umgebungsbedingungen. Es wurden hierzu insgesamt 109 Probanden in einer Klimakammer untersucht. Dabei wurden einzelne Körperteile der Probanden geheizt oder gekühlt, während der restliche Körper einer warmen, neutralen oder kalten Umgebung ausgesetzt war. Vor den Tests wurden die Probanden für 15 Minuten in einem Wasserbad vorkonditioniert, die Temperatur des Wasserbads wurde dabei angepasst, um einen gewünschten thermischen Zustand der Probanden zu erreichen. Üblicherweise benötigt eine Vorkonditionierung des Menschen zwei bis drei Stunden, diese Zeit sollte durch die Verwendung des Wasserbads deutlich verkürzt werden. Nach dem Verlassen des Wasserbads wurde während der Applikation der Messtechnik eine Wärmelampe verwendet, um einen Wärmeverlust durch Verdunstung zu kompensieren. Die Hauttemperaturen wurde an 22 Stellen mit Hilfe von Thermoelementen sowie die Körperkentemperatur durch eine peroral verabreichte Messpille aufgezeichnet. Zur Aufbringung der Temperaturreize wurden die jeweilien Körperteile mit jeweils angepassten Stoffmanschetten abgeklebt, durch die dann vorkonditionierte Luft zugeführt wurde.

Die Probanden wurden bei den Tests in Intervallen von ein bis drei Minuten nach ihrem thermischen Empfinden und Komfort befragt. Für die Bewertung des Empfindens wurde die in Unterabschnitt 3.2.1 beschriebene 7-Punktskala um die Werte „sehr kalt“ (−4) sowie „sehr warm“ (4) erweitert, sodass sich eine 9-Punktskala ergibt. Dadurch sollen auch extremere thermische Bedingungen, wie sie in Fahrzeugen auftreten können, erfasst werden. Der Komfort wurde auf einer Skala von „unkomfortabel“ (−4) bis „komfortabel“ (4) bewertet, die in der Mitte durch „gerade unkomfortabel“ (−0) und „gerade komfortabel“ (+0) unterbrochen ist, siehe **Tabelle 3.2**. Hierdurch mussten die Probanden eine klare Entscheidung zwischen der generellen Kategorie unkomfortabel oder komfortabel treffen. Insgesamt wurden 70 Versuche mit lokaler Kühlung und nur acht mit lokaler Heizung eines Körperteils durchgeführt. Dies ist auf den gewollten Fokus der Untersuchungen auf warme Umgebungen zurückzuführen. Bei drei Messungen fand eine lokale Abkühlung in einer kalten Umgebung statt, während keine lokale Heizung in einer warmen Umgebung untersucht wurde. In weiteren 17 Tests wurde eine simultane Kühlung oder Heizung mehrerer Körperteile untersucht und in fünf wurde der gesamte Körper einer Temperatursprungänderung unterzogen. Zur Ableitung des Komfortmodells wurden die lokalen Hauttemperaturen in einer thermisch neutralen Umgebung bestimmt. Hierzu wurde die Klimakammer auf eine Temperatur leicht unter der eines neutralen Empfindens eingestellt und die Probanden konnten die Heizleistung von vier Wärmelampen individuell einstellen, damit sich für sie ein thermisch neutrales Empfinden einstellt [39]. Aus den gewonnenen Daten wurde dann ein Vorhersagemodell entwickelt. Das Modell unterscheidet bei der Bewertung generell zwischen thermischem Empfinden [40] und thermischem Komfort [41] für jedes untersuchte Körperteil. Die jeweilige Bewertung wird vom Modell basierend auf den beiden zuvor beschriebenen Skalen vorgenommen. Aus diesen Einzelwerten der Körperteile kann dann durch Anwendung definierter Regeln ein Wert für den gesamten Körper abgeleitet werden. Für das Modell bzw. die Regeln zur Bestimmung des thermischem Empfinden und des Komforts für den gesamten Körper aus den Werten der einzelnen Körperteile wird an dieser Stelle auf [42] verwiesen.

Tabelle 3.2: Skala für thermisches Empfinden und thermischen Komfort nach Zhang [39].

<table>
<tr><th>Empfinden</th><th>Wert</th><th>Komfort</th></tr>
<tr><td>sehr heiß</td><td>4</td><td>sehr komfortabel</td></tr>
<tr><td>heiß</td><td>3</td><td rowspan="2">komfortabel</td></tr>
<tr><td>warm</td><td>2</td></tr>
<tr><td>etwas warm</td><td>1</td><td rowspan="3">gerade komfortabel
gerade unkomfortabel</td></tr>
<tr><td>neutral</td><td>0</td></tr>
<tr><td>etwas kühl</td><td>−1</td></tr>
<tr><td>kühl</td><td>−2</td><td rowspan="2">unkomfortabel</td></tr>
<tr><td>kalt</td><td>−3</td></tr>
<tr><td>sehr kalt</td><td>−4</td><td>sehr unkomfortabel</td></tr>
</table>

Aufgrund des hohen Aufwands bei der Bestimmung der benötigten Hauttemperaturen in neutraler Umgebung und Sprüngen in der Komfortbewertung bei transienten Übergangen wurde von den Autoren des Modells ein vereinfachter Ansatz zur Bestimmung der Hauttempertauren sowie eine Glättung des Modells vorgestellt [43].

3.2.5 Diskussion der vorgestellten Methoden

Als großer Vorteil des PMV-Modells nach Fanger ist die weite Verbreitung der Methode und der dadurch vorhandene Wissensstand in der Forschung zu sehen [44]. Laut ISO 14505-1 [31] kann die Behaglichkeitsbewertung des thermischen Gesamtempfindens in einer Fahrzeugkabine mit der PMV-Methode nach ISO 7730 durchgeführt werden. Für die Stoffwechselrate und Bekleidungsisolation sollten dabei geeignete Werte angenommen werden. Die Norm ISO 7730 legt bestimmte Einschränkungen für die Anwendung des PMV-Modells unter instationären Umgebungsbedingungen fest. Diese Einschränkungen werden in Temperaturzyklen, -drifts, -gefälle und -übergänge eingeteilt. Spitze-Spitze-Abweichungen in einem Temperaturzyklus, die unter 1 K liegen, haben keinen Einfluss auf den Komfortwert. Abweichungen über diesen Schwellenwert hinaus können zu einer Verringerung des Komforts führen. Temperaturabweichungen mit Änderungsgeschwindigkeiten unter $2\,K\,h^{-1}$ werden für die Anwendung der Methode als zulässig angesehen. Die Norm gibt auch Aufschluss über Temperaturübergänge. Bei signifikanten Änderungen der operativen Temperatur werden unmittelbare Auswirkungen beobachtet. Das PMV kann zur Vorhersage des Komforts eingesetzt werden, wenn die operative Temperatur steigt. Umgekehrt sagt das PMV-Modell bei sinkender operativer Temperatur Werte voraus, die höher sind als das empfundene Wärmeempfinden. Nach etwa 30 Minuten unter stationären Bedingungen wird das PMV-Modell wieder anwendbar [21]. Bei Schwankungen im Aktivitätsgrad des Insassens entspricht das vorausgesagte thermische Empfinden nach 15 Minuten gleichbleibender Aktivitätsrate dem der stationären Aktivität [45].

Die Qualität der Komfortbewertung des PMV-Modells ist maßgeblich von der Genauigkeit der Eingangsparamter abhängig [44]. Ekici [46] hat gezeigt, dass die mittlere Strahlungstemperatur die berechneten PMV-Werte erheblich beeinflusst. Einige Messsysteme gehen von der Annahme aus, dass die mittlere Strahlungstemperatur der gemessenen Lufttemperatur entspricht, so dass kein separater Sensor für die mittlere Strahlungstemperatur erforderlich ist. Chaudhuri et al. [47] zeigten jedoch, dass diese Vereinfachung zu größeren Unsicherheiten bei den PMV-Vorhersagen führt. Andere Studien haben gezeigt, dass diese Unsicherheiten in PMV-Berechnungen durch die direkte Messung der operativen Temperatur minimiert werden können [48]. Dies kann entweder mit einem Globethermometer oder einer ellipsoidförmigen Sonde erfolgen. Der Durchmesser eines Globethermometers wirkt sich in erster Linie auf die Unsicherheit der gemessenen mittleren Strahlungstemperatur aus [49] und die Verwendung von Globethermometern kann dadurch erhebliche systematische Fehler verursachen [50, 51]. ISO 7726 [35] besagt, dass ein ellipsoidischer Sensor besser geeignet ist und enthält Konstruktionsspezifikationen für eine Operativtemperatursonde. In einer von Simone et al. [52] durchgeführten Untersuchung, in der verschiedene Sonden zur Messung der Operativtemperatur verglichen wurden, wurde ein ellipsoidförmiger Sensor als Referenz verwendet. Die Studie kam auch zu dem Schluss, dass ein schwarzer Sensor dazu neigt, den Einfluss kurzwelliger Strahlung zu überschätzen, während ein weißer oder reflektierender Sensor diesen tendenziell unterschätzt. Daher wird die Verwendung einer mittelgrauen Sensorfarbe empfohlen [52], was mit den Spezifikationen in ISO 7726 [35] übereinstimmt. Ein ellipsoidförmiger Sensor bietet einen projizierten Flächenfaktor, der dem eines Menschen ähnlicher ist als ein kugelförmiger und dadurch das Verhältnis zwischen Konvektions- und Strahlungswärmeübertragung auf dem Sensor positiv beeinflusst. In Untersuchungen mit einer generischen

Fahrzeugkabine und unterschiedlichen Bestrahlungsstärken, sowie Scheibenbeschichtungen von Hodder und Parsons [53] zeigte das PMV-Modell bei Bestimmung der mittleren Strahlungstemperatur mit Hilfe eines Globethermometers gute Übereinstimmungen mit den subjektiven Bewertungen von Probanden.

Yakovenko et al. kommen zum Ergebnis, dass die Modelle von Fanger und Nilsson generell in einer Fahrzeugkabine angewendet werden können. Das PMV-Modell ist in Fahrzeugen mit einer HLK-Anlage genauer und vor allem die Stoffwechselrate und Bekleidungsfaktoren sollten realistisch gewählt sein [54]. Die Stoffwechselrate und der Bekleidungsfaktor haben einen großen Einfluss auf den PMV-Wert. Er reagiert bei geringer Stoffwechselrate empfindlicher auf die mittlere Strahlungstemperatur. Umgekehrt nimmt bei höheren Stoffwechselraten der Einfluss der anderen Parameter ab [55]. Tabellen zur Bestimmung der Stoffwechselrate und des Bekleidungsfaktors finden sich z. B. in den Normen ISO 7730 [21] und ASHRAE 55 [20].

Das Äquivalenttemperaturmodell nach ISO 14505 ist sensitiv gegenüber warmen und weniger sensitiv gegenüber kalten Umgebungen. Deshalb ist es hauptsächlich nahe der thermischen Neutralität anwendbar [56]. Die Komfortbänder zur Interpretation der gewonnenen Äquivalenttemperaturwerte müssen für jede Kombination aus Stoffwechselrate und Bekleidungsfaktor durch Probandenversuche bestimmt werden. Das Modell berücksichtigt außerdem die Transpiration des menschlichen Körpers und die Luftfeuchte der Umgebung nicht. Das Modell von Fiala ist hauptsächlich für transiente Bedingungen geeignet [56].

Zu den Schwachstellen von Zhangs UCB-Modell zählen die mathematische Komplexität mit einer hohen Zahl an Koeffizienten, die begrenzte Nachvollziehbarkeit der durchgeführten Regressionen aufgrund nichtlinearer Zusammenhänge sowie die experimentellen Einschränkungen der zugrundeliegenden Probandenstudien [57]. Der Ansatz der Setpoint-Temperaturen für einzelne Körperteile wird ebenfalls hinsichtlich seiner Anwendbarkeit problematisiert. Desweiteren liegt der Fokus der Probandenstudien auf dem lokalen Abkühlen von Körperteilen in einer warmen Umgebung. Es fehlen Versuche mit lokalem Heizen in kalten Umgebungen [56]. Die Größe der Probandengruppe ist eher klein und die Bandbreite des Alters, Körpergewichts und Körperzusammensetzung ist limitiert [58]. Die Komfortmodelle zur Bewertung von asymetrischen Umgebungen erfordern Weiterentwicklung und Verbesserung [54].

In [59] wurden Versuche mit Probanden und Messeinrichtungen zur Berechnung der Komfortwerte sowohl unter stationären Bedingungen als auch im Fahrbetrieb durchgeführt. Die Modelle von Fanger und Nilsson zeigten beide eine gute Übereinstimmung mit den subjektiven Bewertungen der Probanden. Es ergaben sich Korellationsfaktoren von jeweils 0,76 bis 0,91 und 0,77 bis 0,93. Das Modell von Zhang zeigte eine geringe Übereinstimmung mit Korellationsfaktoren von 0,1 bis 0,6 für die untersuchten Szenarien. Die Abweichung des PMV-Modells zu den Probandenbewertungen wird auf die fehlende Berücksichtigung des Kontaktbereichs zwischen Sitz und Insasse zurückgeführt [59].

Auch bei neutralem thermischem Empfinden kann durch einen Luftstrom mit erhöhtem Turbulenzgrad vor allem im Bereich des Kopfes, der Arme und Fußgelenke eine Komfortbeeinträchtigung hervorgerufen werden [34]. Der Zusammenhang zwischen Luftgeschwindigkeit, Turbulenzgrad und thermischem Komfort in Fahrzeugen wird auch in der Arbeit von Westhoff et al. [60] untersucht. Im Wesentlichten kommen die Autoren zu dem Schluss, dass vor allem bei Temperaturen von 26 °C und darüber eine leicht erhöhte Luftgeschwindigkeit als komfortabel empfunden wird. Es zeigte sich zudem eine stark unterschiedliche, individuelle Luftzugtoleranz zwischen den Probanden und vor allem zwischen den Geschlechtern. Deshalb muss zur ganzheitlichen Bewertung eines Belüftungskonzepts der Turbulenzgrad und die Zugluftrate berücksichtigt werden. Dies erfordert eine direkte Messung der Strömungsgeschwindigkeiten vor allem an den oben genannten Körperregionen.

In dieser Arbeit wird das PMV-Modell aufgrund seiner guten Übereinstimmung mit Probandenversuchen und der breiten Anerkennung in der Forschung als Basis für die Bewertung des Gesamtkörperkomforts verwendet. Die Fahrzeugkabinen in modernen Pkw können meist vorkonditioniert werden, wodurch sich das Nutzungsverhalten sowie die thermischen Randbedingungen der Fahrzeuge ändern. Deshalb soll der Fokus der vorgestellten Methode in der Optimierung des Komforts nahe der thermischen Neutralität liegen. Alle Eingangsparameter des PMV-Modells können direkt gemessen werden und es werden keine Hauttemperaturen aus einem thermophysiologischen Menschmodell benötigt. Damit ist eine Echtzeitfähigkeit des Ansatzes gegeben. Zur Verbesserung der räumlichen Auflösung und Berücksichtigung von inhomogenen Umgebungen werden die Eingangsparameter des Modells an mehreren Körperstellen gemessen. Anschließend wird eine Gewichtung der Einzelparameter abhängig von der lokalen thermischen Sensitivität sowie der Bekleidung eines Körperteils durchgeführt. Da das Zugluftempfinden eine der größten Quellen von lokalem Unbehangen ist, werden zusätzlich die lokalen Strömungsgeschwindigkeiten und die Zugluftrate berücksichtigt.

3.3 Komfortmanikins

Um den thermischen Komfort bei der Fahrzeugentwicklung objektiv und reproduzierbar zu quantifizieren werden unter anderem Komfortmanikins eingesetzt. Hierbei handelt es sich um anthropometrische Menschmodelle bzw. Puppen, die mit entsprechender Messtechnik ausgestattet sind, um die Einflussgrößen auf den thermischen Komfort zu erfassen. Es kann dabei grundsätzlich zwischen aktiv beheizten und passiven Manikins unterschieden werden. Die aktiv beheizten Manikins versuchen die thermoregulatorischen Mechanismen eines Menschen abhängig von den gegebenen Randbedingungen zu simulieren, während die passiven Manikins durch ihre Sensorik die Einflussfaktoren auf den thermischen Komfort direkt messen. Beide Ansätze besitzen Vor- und Nachteile, auf die an entsprechender Stelle eingegangen wird. Im Folgenden werden einige veröffentlichte Konzepte, die zur Bewertung in Fahrzeugen Verwendung finden vorgestellt. Da einige Fahrzeughersteller intern Systeme einsetzen, zu denen keine Veröffentlichungen vorliegen, stellt dies jedoch keine abschließende Zusammenstellung dar.

3.3.1 DRESSMAN

DRESSMAN (**D**ummy **RE**presenting **S**uit for **S**imulation of hu**MAN** heatloss) ist ein vom Mayer und Schwab [61] vorgestellter Manikin, der die Äquivalenttemperatur mit Hilfe verschiedener Sensoren bestimmt. Das Konzept wurde seit seiner Vorstellung 2004 am Frauenhofer Insitut für Bauphysik mehrfach weiterentwickelt [62, 63]. In **Abbildung 3.3** ist a) der DRESSMAN in Version 3.2 und b) seine Sensorik dargestellt. Die Sensoren sind dabei extern mit Hilfe eines Anzugs [61] oder Bändern [62, 63] an einem

Manikin befestigt und können damit auch direkt an einem Menschen angebracht werden.

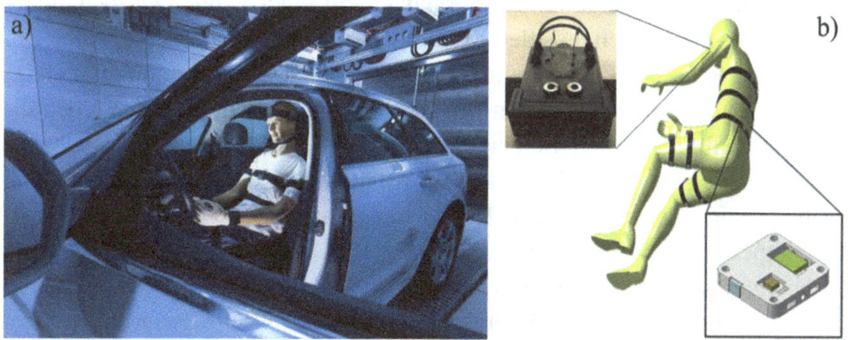

Abbildung 3.3: a) DRESSMAN 3.2 in einem Fahrzeug, b) Sensorik des DRESSMAN 3.2, aus [62, 63].

Die lokale Äquivalenttemperatur eines Körperteils wird aus der sich einstellenden Oberflächentemperatur ϑ_S, engl.: resultant surface temperature (RST), eines mit einer konstanten Leistung beheizten Sensors bestimmt. Dies erfolgt auf Basis von Gl. 3.2 und dem bekannten Wärmeübergangskoeffizienten aus der Kalibrierung des Sensors in genormter Umgebung. Zur Bestimmung des Komfortwertes für den gesamten Körper wird die erweiterte Äquivalenttemperatur verwendet. Dazu werden die lokalen Wärmestromdichten der Körperteile inklusive derer an den Kontaktflächen mit ihrem Flächenanteil gewichtet und daraus die erweiterte Äquivaltenttemperatur berechnet [62]. Ein ähnliches Konzept liegt den Equites Sensoren der Firma Comlogo GmbH zugrunde [64].

3.3.2 MANIKIN nach Nilsson

Der MANIKIN1 aus 1983 und MANIKIN2 aus 1991 wurden von Nilsson für seine Untersuchungen verwendet, sie sind in **Abbildung 3.4** a) und b) dargestellt. Beim MANIKIN2 handelt es sich um eine Weiterentwicklung des MANIKIN1. Diese wurde aufgrund einiger Komplikationen in der Anwendung des ersten Manikins vorangetrieben. Es handelt sich um einen sitzenden Manikin aus Schaumstoff mit einem Gesamtgewicht von 16 kg. Er ist in 36 Segmente unterteilt die mit Hilfe von Heizdrähten auf einer konstanten Temperatur von 34 ± 0,1 °C gehalten werden. Über die zugeführte Heizleistung wird der trockene Wärmeverlust des Manikin bestimmt. Der Manikin benötigt ca. 20 Minuten, um auf die Sprungantwort einer Umgebungsbedingung zu reagieren und sich bei der neuen Wärmeabgabe einzuschwingen. Die Wärmeabgabe durch Transpiration kann von dem Ansatz nicht berücksichtigt werden. Da die Untersuchungen von Nilsson nahe der thermischen Neutralität durchgeführt wurden ist der evaporative Wärmeverlust klein und wird somit vernachlässigt [37]. Mit der konstanten Oberflächentemperatur des Manikins und der gemessenen Heizleistung kann nach Gl. 3.2 die Äquivalenttemperatur für 18 Zonen berechnet werden. Zur Bestimmung des Wärmeübergangskoeffizienten muss der Manikin in einer genormten Umgebung im bekleideten Zustand kalibriert werden. Mit MANIKIN3 wurde ein zugehöriger virtueller Ansatz entwickelt. Dabei ist die Gestalt von MANIKIN2 mit einfachen kubischen Elementen approximiert worden, sodass sich die gleiche Anzahl an Zonen sowie eine Körperoberfläche von 1,6 m^2 ergibt. Das Modell des virtuellen MANIKIN3 ist in **Abbildung 3.4** c) dargstelllt.

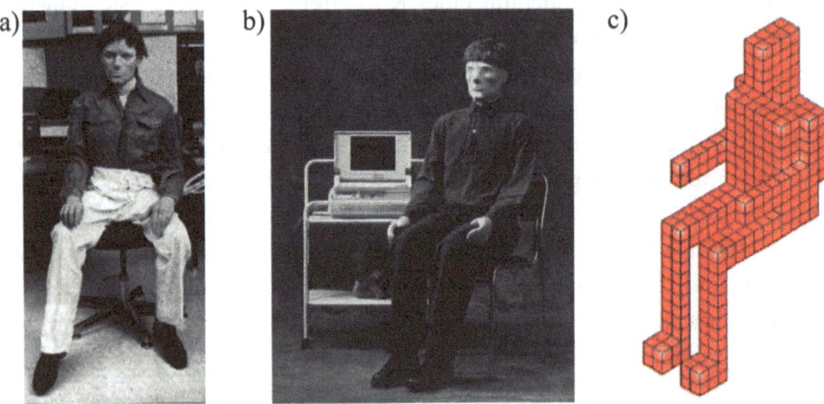

Abbildung 3.4: Von Nilsson genutzte Komfortmanikins: a) MANIKIN1 (1983), b) MANIKIN2 (1991), c) virtueller MANIKIN3 (2004), aus [37].

Zur Simulation des Strömungsfeldes wurde der Computational Fluid Dynamics (CFD) Code STAR-CD verwendet. Aus Messdaten des MANIKIN2 bei homogenen und stationären Temperaturen von 19, 24 und 28 °C wurden konvektive Wärmeübertragungsfunktionen für das Modell abgeleitet, die als Wandrandbedingung mit dem Strömungsfeld als Eingangsparameter in

STAR-CD angewendet werden [37, 65]. Ion-Guţă et al. haben in [66] einen ähnlichen beheizten Manikin zur Bestimmung der Äquivalenttemperatur mit 79 Segmenten vorgestellt.

3.3.3 Advanced Automotive Manikin

Der **AD**vanced **A**utomotive **M**anikin (ADAM) wurde vom National Renewable Energy Laboratory entwickelt und vorab 2002 [67] und final 2003 [68] vorgestellt. Der Manikin entspricht dem 50. Perzentil eines amerikanischen Mannes, mit einer Körperhöhe von 175 cm, und besitzt ein Gesamtgewicht von 61 kg. Er ist in 120 Segmente mit je 120 cm^2 Oberfläche aufgeteilt, die jeweils einzeln ansteuerbar sind. Die Oberflächentemperatur jedes Segments kann durch einen entsprechenden Wärmestrom geregelt und durch jeweils vier Sensoren pro Segment gemessen werden. Außerdem verfügt der Manikin über eine Schweißabgabe sowie eine Atemsimulation mit Befeuchtung der ausgeatmeten Luft. In **Abbildung 3.5** ist a) der Manikin in einem Messfahrzeug und b) sein Grundrahmen aus kohlefaserverstärktem Kunststoff mit der Sensorik dargestellt.

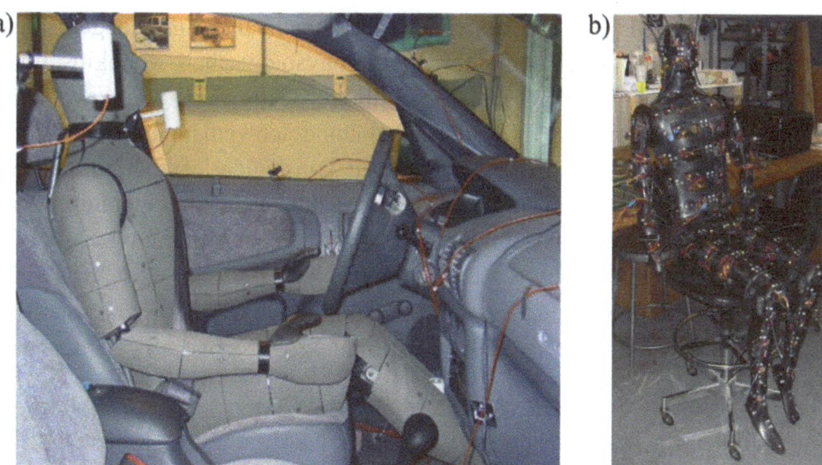

Abbildung 3.5: a) ADAM in einem Messfahrzeug, b) Grundrahmen mit Sensorik, aus [58].

Die thermoregulatorischen Reaktionen auf Umgebungsbedingungen werden durch ein finite Elemente Modell mit ungefähr 40.000 Elementen berechnet.

Zur Komfortbewertung werden die vom physiologischen Modell berechneten Temperaturen sowie das UC Berkeley Komfortmodell [39] verwendet. Das thermophysiologische Modell ist in der Software ANSYS aufgebaut. Das Modell muss während einer Messung kontinuierlich gelöst werden, um die benötigten physioloischen Reaktionen an den Manikin zurückzumelden, damit die Wärme- und Schweißabgabe entsprechend geregelt werden kann.

In der ursprünglichen Veröffentlichung von 2004 [58] wird über Rechenzeiten des Modells von 2 Minuten bis zum Erreichen eines Gleichgewichtzustands berichtet. Hierdurch wird die Reaktionszeit des Manikins auf Veränderung der thermischen Umgebung oder des Strömungsfeldes negativ beeinflusst, da er zur korrekten Simulation der thermophysiologischen Reaktionen das Ergebnis des Modells benötigt und diese Reaktion wiederum die Eingangsparameter für das Modell beeinflusst. Das Simulationsmodell kann prinzipiell auch unabhängig vom Manikin verwendet werden, dazu müssen jedoch die genauen Randbedingungen der thermischen Umgebung, ein räumlich aufgelöstes Strömungsfeld sowie die detailierte Beschreibung der Kleidung (Isolationswirkung, Schweißaufnahme, Mikrovolumina usw.) vorhanden sein [58].

Bei Messungen in [69] ergab sich eine vergleichbare Wärmeabgabe zwischen ADAM und zwei ähnlichen thermophysologischen Manikins unter stationären Bedingungen (20 und 23 °C) in einer Klimakammer, sowohl mit als auch ohne Bekleidung. Es wurde dabei keine Schweißabgabe berücksichtigt. Außerdem wurden bei Messungen mit konstanten Temperaturen ohne Bekleidung in einer Klimakammer die berechneten Hauttemperaturen von ADAM mit denen von menschlichen Probanden aus der Literatur verglichen. Es ergaben sich hier höhere Abweichungen von +4,2 bis −2,5 °C für die Hauttemperaturen verglichen mit den Literaturwerten. Die Körperkerntemperatur zeigte dabei eine bessere Übereinstimmung, mit einer Abweichung von 0,6 °C [69].

Zur Validierung des transienten Verhaltens wurde der Manikin und zwei menschliche Probanden drei Stunden bei 21 °C in einem Büroraum vorkonditioniert und anschließend zwei Stunden lang in einer Klimakammer bei 38 °C und 50 % relativer Luftfeuchtigkeit platziert. Es wurde dabei die Sprungantwort der Körperkerntemperatur des Manikins und der beiden Probanden sowie dazu passenden Literaturwerten verglichen. Die Kerntemperaturen der beiden Probanden stimmten mit den Literaturwerten überein, wohingegen die von ADAM berechnete Kerntemperatur um ca. 1,5 °C zu hoch lag [70]. In weiteren Untersuchungen wurde der Manikin zur Untersuchung belüfteter Fahrzeugsitze sowie flüssigkeitsgekühlten Kleidungsstücken zum Tragen unter Raumanzügen verwendet. Dabei ergaben sich bei hohen Temperaturen und Feuchtigkeiten Herausforderungen durch eine lange Reaktionszeit und Oszillationen der Regelungsfunktionen des Manikins. Außerdem sind einige Segmente aufgrund von defekten Heizelementen und Reglern ausgefallen [70]. Später wurde der Manikin zur Untersuchung von Wärmedecken angewendet, wobei ein stationärer Zustand eingestellt und nur 16 Segmenttemperaturen verwendet wurden [71]. Die Erkenntnisse aus der Entwicklung und Anwendung sind in die Entwicklung des später beschriebenen Manikins Newton eingeflossen [72].

3.3.4 Automotive HVAC Manikin

Der Automotive HVAC Manikin (Heating, Ventilation and Air Conditioning, deutsch: HLK) ist ein System der Firma Thermetrics [73], es handelt sich um einen passiven Manikin mit verschiedenen Sensortypen. Diese messen die Lufttemperatur, die Strömunggeschwindigkeit, die Strahlungswärmestromdichte sowie die relative Luftfeuchtigkeit an unterschiedlichen Körperteilen. Die Messabweichung der Temperatursensoren ist im Bereich von −20 bis 70 °C mit ±1 K angegeben. Zu der restlichen Sensorik sind keine Angaben zur Genauigkeit angegeben. Die Geschwindigkeitssenoren haben einen angegebenen Messbereich von 0,1 bis 5 m s^{-1}, die Strahlungssensoren von 0 bis 2000 W m^{-2} und die Sensoren der relativen Feuchtigkeit von 0 bis 95 % [70]. Der Manikin und die unterschiedlichen Sensortypen sind in **Abbildung 3.6** dargestellt.

Die vom Manikin gemessenen Größen werden anschließend als Randbedingungen für ein thermopysiologisches Simulationsmodell verwendet. Aufgrund der direkten Aufprägung der gemessenen Randbedingungen auf das digitale Menschmodell ist eine Abbildung der restlichten Umgebung wie zum Beispiel der Fahrzeugkabine in der Simulation nicht erforderlich. Das Modell berechnet dann das daraus resultierende thermische Empfinden [74, 75]. Eine direkte Bewertung des thermischen Komforts während einer Messung ist folglich nicht möglich. Für diese Kopplung zwischen Manikin und thermischem Menschmodell wird die Simulationssoftware TAITherm der Firma Thermoanalytics und die darin enthaltene Human Thermal Erweiterung verwendet [76, 77]. Dieses thermophysiologische Modell wird in Abschnitt 5.2 zum Vergleich mit dem in dieser Arbeit vorgestellten Ansatz verwendet. Bei Versuchen mit dem Automotive HVAC Manikin in [78] stellte der Mittelwert aus dem DTS-Modell von Fiala sowie dem UC Berkeley Modell von Zhang die beste Übereinstimmung mit den subjektiven Bewertungen der untersuchten Probanden dar. Das Ergebnis konnte in weiteren Versuchen in [74, 75] bestätigt werden. Ein ähnliches Konzept verfolgt der Amenity Manikin der Firma Kanomax, jedoch sind keine genaueren Angaben zum vewendeten Komfortmodell und zur Datenauswertung veröffentlicht [79].

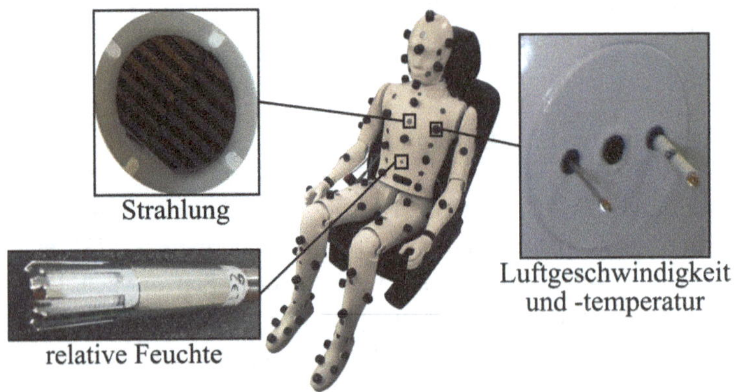

Abbildung 3.6: Automotive HVAC Manikin mit seinen unterschiedlichen Sensortypen, aus [73, 80].

3.3.5 Newton

Newton ist ein von der Firma Thermetrics entwickelter thermopysiologischer Manikin. Er kann sowohl für die Bewertung des Einflusses von Bekleidung als auch einer thermischen Umgebung auf den Komfort eines Menschen verwendet werden. Der Haupteinsatzbereich liegt jedoch in der Bekleidungsentwicklung und das System erfüllt die Anforderungen aus einer Reihe von American Society of Testing and Materials (ASTM) und ISO Normen zur Überprüfung der thermischen Eigenschaften von Kleidung oder anderen direkt am Körper getragenen Textilien [81]. Der Manikin besitzt 30 unabhängig beheizte Zonen mit jeweiliger Temperatursensorik. Er ist mit seinen am Kopf befindlichen Messsignalausgängen a) sowie seiner Segmentaufteilung b) in **Abbildung 3.7** dargestellt. Die optionale Schweißfunktion erlaubt eine Flüssigkeitsabgabe durch die Segmente. Newton kann in zwei unterschiedlichen Körperhöhen von 178 oder 168 cm und mit einer trockenen oder befeuchteten Atemsimulation geliefert werden.

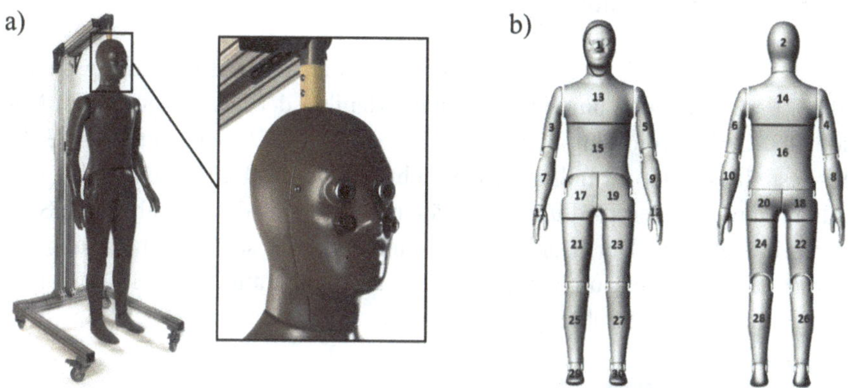

Abbildung 3.7: Manikin Newton: a) Gesamtansicht mit Anschlüssen für Messsignale und b) Aufteilung in 30 Segmente, aus [81].

In [82] wurde Newton sowie der Automotive HVAC Manikin mit einem thermophysioloischen Simulationsmodell gekoppelt, ein Aufheizfall in einer Fahrzeugkabine untersucht und die Ergebnisse mit subjektiven Bewertungen eines Probanden verglichen. Der Aufheizvorgang wurde in einer Klimakammer durchgeführt. Zuerst mit einem Probanden auf dem Fahrersitz und anschließend, unter möglichst gleichen Bedingungen, mit dem Manikin Newton auf dem Fahrersitz und dem Automotive HVAC Manikin auf dem Beifahrersitz. Der Proband sowie der Manikin Newton trugen dabei eine vergleichbare Bekleidung und wurden vor dem Test unter gleichen Bedingungen in einem Raum außerhalb des Fahrzeugs thermisch vorkonditioniert. Der Automotive HVAC Manikin wurde dagegen während der gesamten Konditionierung im Fahrzeug belassen. Die berechneten Hauttemperaturen der beiden Manikins stimmen gut mit den gemessenen des Probanden überein. Das vorausgesagte thermische Empfinden und der Komfort zwischen den Manikins stimmen gut überein und der generelle Trend ist vergleichbar mit den subjektiven Bewertungen des Probanden. Es ergaben sich jedoch in manchen Teilen des Aufheizvorgangs kleine Abweichungen zwischen den Vorhersagen und der Probandenbewertung. Diese werden auf die Abweichungen zwischen den Testläufen des Probanden und der Manikins sowie die

Vorkenntnis bzw. Voreingenommenheit des Probanden zurückgeführt, bei dem es sich um einen Testingenieur handelte [82].

3.3.6 HVAC Manikin R 1.1

Der HVAC Manikin R1.1 wurde von der Firma ARRK Engineering entwickelt. Es handelt sich um einen passiven Manikin der aus glasgefülltem Nylon im Rapid Prototying (RP) Verfahren Selective Laser Sintering (SLS) hergestellt ist. Der Grundrahmen besteht aus über 60 gefrästen Stahl- und Aluminiumbauteilen [83] und in die äußere Schale sind 31 kombinierte Sensoren eingelassen. Der Manikin und seine Sensorik sind in **Abbildung 3.8** dargestellt. Die Sensoren messen die Lufttemperatur, die Strömunggeschwindigkeit, den Strahlungswärmestrom und die relative Luftfeuchte.

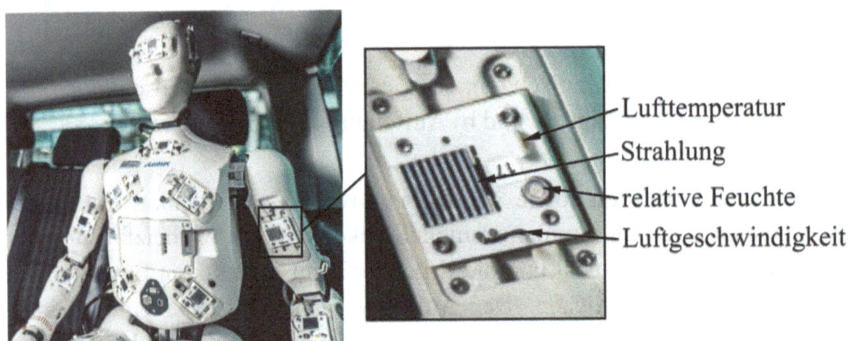

Abbildung 3.8: HVAC Manikin R1.1 mit seiner zusammengefassten Sensorik, aus [84].

Die Temperatursensoren besitzen eine typische Abweichung von ±1 K. Die Geschwindigkeitssonden haben einen Messbereich von 0,1 bis 5 m s^{-1} mit einer Abweichung von ±0,2 m s^{-1} im Bereich von 0,1 bis 2 m s^{-1} und von ±0,15 m s^{-1} im Bereich von 2 bis 5 m/s. Der Strahlungswärmestrom kann im Bereich von 0 bis 2000 W m^{-2} mit einer Abweichung von ±100 W m^{-2} gemessen werden. Die relative Luftfeuchte wird im Bereich von 0 bis 95 % mit einer Genauigkeit von ±4 % gemessen [84]. Diese Abweichungen sind für Komfortmessungen nahe der thermischen Neutralität nur eingeschränkt geeignet [35]. Die Datenübertragung kann über eine Kabelverbindung während der Messung oder durch eine Speicherkarte nach der Messung erfolgen. Die Rohmessdaten können während einer Messung visualisiert werden [84].

Für die Komfortbewertung muss eine Kopplung mit der Simulationssoftware THESEUS FE erfolgen. Hier ist ein thermophsyiologisches Menschmodell implementiert, auf das die gemessenen Größen als Randbedingung aufgeprägt werden [85]. Vom Modell wird damit die Reaktion des menschlichen Organismus und daraus dann das PMV und der PPD nach Fanger, die TS und DTS nach Fiala, das UC Berkeley Komfortmodell nach Zhang sowie die Äquivalenttemperatur berechnet [86]. Der Ansatz ist also dem zuvor vorgestellten Automotive HVAC Manikin von Thermetrics ähnlich.

3.3.7 Diskussion der Komfortmanikins

Für die Bestimmung des thermischen Komforts finden zusammenfassend mehrere Ansätze Anwendung. Es können beheizte Manikins oder beheizte Einzelsensoren zur Bestimmung der Äquivalenttemperatur verwendet werden. Hier ist aufgrund der Messung des kombinierten Einflusses aller Wärmeübertragungsmechanismen die Trennung einzelner Effekte nicht oder nur mit Zusatzaufwand möglich. Die Komfortbewertung muss dann auf Basis von zuvor durch Probandenversuche bestimmten Komfortzonen erfolgen. Des Weiteren können passive Manikins mit physikalischen Modellen kombiniert werden. Hier ist eine umfangreiche Messtechnik vonnöten. Durch die schnell rechnenden physikalischen Modelle kann der thermische Komfort in Echtzeit bestimmt werden. Außerdem kann ein passiver Manikin auch mit einem thermophysiologischen Modell gekoppelt werden. Das Modell berechnet aus den gemessenen Randbedingungen dann die für das Komfortmodell als Eingangsgrößen benötigten Hauttemperaturen.

Ein wichtiger Aspekt bei transienten thermischen Messungen ist der zeitliche als auch organisatorische Aufwand für die Vorkonditionierung des Prüfstands, des Fahrzeugs, der Messeinrichtungen sowie den Probanden oder Manikins. Vor allem das thermische Empfinden von Probanden kann durch die Vorkonditionierung stark beeinflusst werden [87]. Hier bietet die Verwendung eines passiven Manikins deutliche Vorteile. Durch die direkte Messung der Umgebungsbedingungen kann die Zeit für eine thermische Vorkonditionierung eingespart werden. Die Versuche von Hepokoski et al. [82] zeigen beim Vergleich eines aufwändig vorkonditionierten thermischen

Manikin mit einem im Fahrzeug befindlichen passiven Manikin keine wesentlichen Unterschiede in der Komfortbewertung der Systeme. Der Manikin kann bereits vor den Tests im Fahrzeug platziert werden und der Prüfstandsbetrieb muss hierfür nicht unterbrochen werden. Besonders bei Aufheiz- oder Abkühluntersuchungen, bei denen das Fahrzeug bei niedrigen oder hohen Temperaturen vorkonditioniert werden muss, ergeben sich hier organisatorische Vorteile in der Ablaufplanung. In der Fahrzeugentwicklung müssen meist viele verschiedene Konfigurationen in einer Messreihe abgeprüft werden. Prüfstandsmesszeiten in Klimawindkanälen oder Klimakammern sind während der Entwicklung oft begrenzt.

Ein beheizter thermophysiologischer Manikin muss zur korrekten Berücksichtigung der Isolationswirkung entsprechend bekleidet werden. Diese Isolationswirkung kann nach dem Abschluss der Messungen nicht mehr beeinflusst werden. Wenn Messungen mit unterschiedlichen Bekleidungsisolationen durchgeführt werden sollen, muss für jedes Szenario ein Umkleiden des Manikins erfolgen. Dies ist bei einem passiven Manikin nicht erforderlich, da die Bekleidungsisolation erst bei der Ergebnisauswertung rein virtuell berücksichtigt wird. Ein beheizter thermophysiologischer Manikin ist folglich vor allem zur Bestimmung von Isolationswerten in der Bekleidungsindustrie geeignet.

Die Implementierung einer Schweißsimulation in einen Manikin erfordert hohen Aufwand. Besonders die Regelung und realistische Modellierung der Evaporationsmechanismen des Menschen stellen eine Herausforderung dar. Der Nutzen einer solchen Funktion zur Bewertung des thermischen Komforts muss gegen den hohen Aufwand abgewogen werden. Meist kann zur Bewertung des Gesamtsystems auf den Feuchteeintrag des Menschen in das System Fahrzeug bzw. Kabine verzichtet werden.

Die vorgestellten passiven Manikins mit Erfassung der einzelnen Einflussparameter benötigen zur Berechnung des thermischen Empfindens sowie des Komforts eine Kopplung mit einem geeigneten Simulationsmodell. Deshalb ist es mit ihnen meist nicht möglich den Einfluss von Konfigurationsänderungen auf den thermischen Komfort direkt während einer Prüfstandsmessung zu bewerten. Ziel dieser Arbeit soll es sein einen passiven Manikin zu entwickeln, der eine Komfortbewertung bereits während einer Untersuchung in Echtzeit sowie die nachträgliche Veränderung der Parameter Bekleidungsisolation sowie Stoffwechselrate ermöglicht. Hierzu werden die komfortbeeinflussenden Einzelparameter an mehreren Stellen des Manikins direkt gemessen. Anschließend werden diese abhängig von der thermischen Sensitivität sowie der Bekleidung der jeweiligen Körperstelle gewichtet. Damit kann eine Echzeitberechnung des thermischen Empfindens mit dem PMV-Modell sowie die Bewertung von Zugluft erfolgen. Außerdem soll ein zugehöriger digitaler Zwilling und ein entsprechender Prozess in einer geeigneten Simulationsumgebung entwickelt werden. Der messtechnische und der virtuelle Manikin sollen dabei unabhängig voneinander nutzbar sein und vergleichbare Ergebnisse erzeugen, um einen Einsatz in verschiedenen Entwicklungsstadien zu ermöglichen.

4 Thermischer Komfortmanikin

In diesem Kapitel wird der Aufbau des thermischen Komfortmanikin beschrieben. Zuerst wird auf den mechanischen Aufbau der Trägerpuppe eingegangen, anschließend wird die verwendete Messtechnik sowie deren Integration in die Trägerpuppe beschrieben. Hier spielt vor allem die Positionierung der Sensoren eine wichtige Rolle. Der Modellaufbau des digitalen Zwillings für den Einsatz in CFD-Simulationen wird ebenfalls beschrieben. Am Beispiel eines transienten Aufheizfalls wird die Vorgehensweise bei der Simulation erläutert. Im letzten Teil wird auf die Auswertungssoftware für die gewonnenen Mess- sowie Simulationsdaten eingegangen.

4.1 Mechanischer Aufbau

Der Manikin besteht aus einem Grundträger aus Aluminium-Konstruktionsprofilen, auf dem die Körperteile als Schalenelemente aufgesetzt werden. Alle Messkabel werden innerhalb des Manikins verlegt und treten im Bereich des unteren Rückens aus. Am Rücken sind zwei Wartungsklappen zur Verlegung der Kabel und Justage der Sensorik eingebracht. Die Geometrie leitet sich von der eines westlichen Mannes im 50. Perzentil ab, mit einer Körpergröße von 178 cm [88, 89]. Der Grundträger besteht aus 30 x 30 mm Aluminiumprofilen, die durch verschiedene Gelenke und Verschraubungen miteinander verbunden sind. Die Gelenke ermöglichen die Realisierung unterschiedlicher Körperhaltungen und die Anpassung des Manikins an verschiedene Fahrzeuginnenräume. Die Freiheitsgrade und die Typen der Gelenke sind dabei an die eines Menschen angelehnt und in **Tabelle 4.1** aufgeführt. Die Freiheitsgrade sind im Vergleich zu denen eines Menschen teilweise eingeschränkt. Dadurch soll der Einbau- und Einmessaufwand des Thermal Comfort Manikin (TCM) in einem Fahrzeug sowie mögliche Abweichungen bei Wiederholmessungen reduziert werden, jedoch gleichzeitig alle typischen Sitzpositionen ermöglicht werden. So werden auch eine spätere Reproduzierung einer Messung und Sicherstellung der Positionierung des digitalen Zwillings in der Simulation stark vereinfacht.

D. Gehringer, *Objektive Bewertung des thermischen Innenraumkomforts in Simulation und Experiment*, Wissenschaftliche Reihe Fahrzeugtechnik Universität Stuttgart, https://doi.org/10.1007/978-3-658-51618-5_4

Tabelle 4.1: Gelenktypen inkl. Freiheitsgraden des Grundträgers.

Gelenk	Gelenktyp	Gelenkwinkel in °
Nacken	Drehgelenk	±10
Schulter	Kugelgelenk	180
Torso unten	Drehgelenk	±5
Hüfte	Drehgelenk	90
Ellenbogen	Drehgelenk	90
Knie	Drehgelenk	90

Die äußeren Schalenteile wurden mit einem Fused Deposition Modeling (FDM) Drucker hergestellt. Die Schalenteile enthalten Öffnungen für die Montage von Sensoren und Kanäle zur Durchführung von Kabeln innerhalb des Manikins. Sie werden auf dem Grundrahmen verschraubt. Die Sensoren sind in die äußere Schale des Manikins integriert. Sie werden mit Trägerplatten auf den Schalenteilen verschraubt, was einen einfachen Austausch der Sensorik oder einzelnen Schalenteilen erlaubt. Der Grundrahmen mit seinen Gelenken und die Schalenteile mit den Sondenhaltern sind in **Abbildung 4.1** dargestellt. Am Kopf des Manikins kann für Transport und Handhabung eine Kranöse angebracht werden.

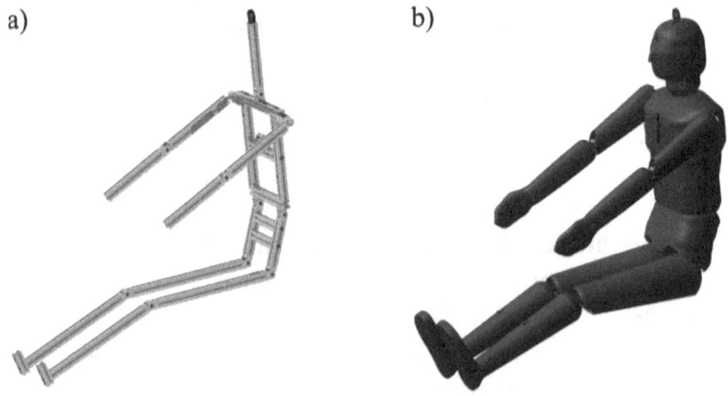

Abbildung 4.1: Mechanischer Aufbau des Manikins: a) Grundrahmen mit Gelenken und b) Außenhaut aus FDM-Teilen mit integrierten Sondenhaltern.

4.2 Messtechnik

Zur Bestimmung der Komfortparameter müssen die einzelnen Einflussfaktoren messtechnisch erfasst werden. Nachfolgend werden zuerst die Messgrößen und die Sensorik beschrieben. Danach wird auf die Verteilung der Sensoren auf dem TCM eingegangen. Anschließend wird die Gewichtung der gemessenen Größen abhängig von ihrer Position auf dem TCM sowie die Berechnung der mittleren Strahlungstemperatur aus der gemessenen Operativtemperatur beschrieben.

4.2.1 Messgrößen und Sensorik

Die vom TCM gemessenen physikalischen Größen umfassen die Strömungsgeschwindigkeit v_a, die Lufttemperatur ϑ_a, die operative Temperatur ϑ_o und die relative Luftfeuchtigkeit φ. Der Manikin ermöglicht die Bewertung des thermischen Komforts durch die direkte Interpretation der Sensordaten oder über berechnete Komfortwerte. Die Sensordaten können für den Vergleich unterschiedlicher Konfigurationen oder Fahrzeuge verwendet werden. Die Interpretation der Messergebnisse erfordert Praxiserfahrung bei vergleichbaren Messungen, daher werden aus den Daten zusätzliche Komfortwerte berechnet.

Zur Messung der Strömungsgeschwindigkeit werden meist Hitzdrahtsonden verwendet. Dabei wird ein dünner Draht auf eine konstante Temperatur oberhalb der Umgebungstemperatur beheizt. Durch die Luftströmung verändert sich der konvektive Wärmeübergang und damit die elektrische Heizleistung. Aus dieser benötigten Heizleistung kann auf Basis einer zuvor bestimmten Kalibrierkurve die Strömungsgeschwindigkeit bestimmt werden. Hitzdrahtsonden besitzen aufgrund ihrer geringen thermischen Masse eine schnelle Reaktionszeit. Durch ihren geometrischen Aufbau sind sie jedoch richtungsabhängig. Bei Komfortmessungen in Innenräumen ist die Strömungsrichtung variabel und vor einer Messung nicht bekannt, deshalb werden hier meist omnidirektionale Sonden verwendet. Aufgrund der Richtungsunabhängigkeit und der geringeren mechanischen Empfindlichkeit kommen im TCM Strömungssonden mit beheizten Kugeln und Temperaturkompensation zum Einsatz. Die verwendeten Sonden bestehen aus zwei mit Nickel beschichteten Quarzkugeln, von denen eine auf eine konstante Übertemperatur von ca. 20 bis 30 °C über Umgebungstemperatur beheizt wird. Durch die gemessene Spannung kann ein Rückschluss auf die benötigte Heizleistung gezogen werden. In der Nähe der unbeheizten Kugel befindet sich ein Referenztemperatursensor. Der Aufbau einer Sonde sowie eine Aufnahme im Betrieb durch eine Wärmebildkamera, zur Darstellung der Übertemperatur, bei einer Umgebungstemperatur von 20 °C, ist in **Abbildung 4.2** dargestellt. Die Kugelform führt zu einer Richtungsunabhängigkeit der gewonnenen Messergebnisse. Ein Vergleich zwischen einer richtungsabhängigen Hitzdrahtsonde und einer omnidirektionalen Strömungssonde mit Kugelform zeigt keine Unterschiede in dem gemessenen Turbulenzgrad [90].

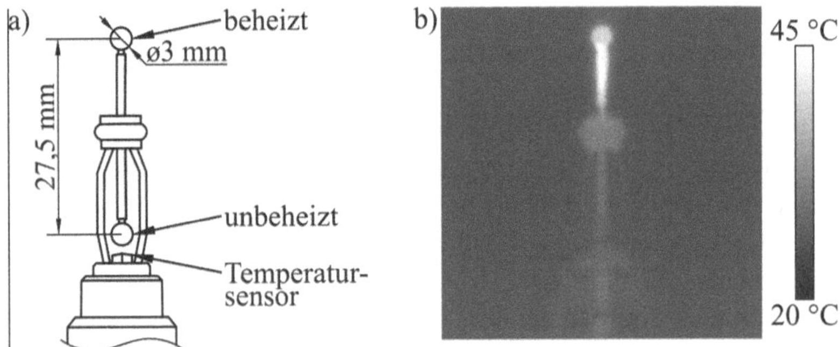

Abbildung 4.2: Omnidirektionale Strömungssonde mit beheizter und unbeheizter Kugel sowie Referenztemperatursensor: a) schematische Darstellung, b) Thermografiebild mit $\varepsilon = 0{,}5$.

Die zuvor beschriebenen Strömungssonden werden mit weiteren Messstellen ergänzt, an denen die Lufttemperatur mit Hilfe von Thermoelementen Typ K der Klasse 1 nach der europäischen Norm IEC 60584-1 [91] mit offener Messspitze gemessen wird. Dadurch wird die Messauflösung der Temperaturverteilung auf dem TCM kostengünstig erhöht. Die Elemente werden in einem Temperatur-Kalibrierbad vom Typ Fluid 100 des Herstellers LR-Cal Leitenberger in einem Temperaturbereich von –0 bis 60 °C kalibriert. Die Ansprechzeit eines Thermoelements hängt hauptsächlich vom Durchmesser der Drähte und der Messspitze sowie der Strömungsgeschwindigkeit des umgebenden Fluids ab. Durch die Verwendung von Elementen mit offener Messspitze und einem Messpitzendurchmesser kleiner 0,5 mm wird eine möglichst schnelle Ansprechzeit auf Lufttemperaturänderung gewährleistet. Nach Majdak [92] beträgt die Zeitkonstante eines Thermoelements mit offener Messspitze und einem Messspitzendurchmesser von 1,5 mm bei einer Luftgeschwindigkeit von 0,1 m s^{-1} ca. 0,25 s und bei 1 m s^{-1} ca. 0,09 s. Für Elemente mit kleineren Durchmessern liegen keine Daten vor. Bei den im TCM verwendeten Elementen kann bei Messungen in einem Fahrzeug folglich von einer Zeitkonstanten von 0,25 s und darunter ausgegangen werden.

Zur Messung der in Unterabschnitt 3.1.1 definierten Operativtemperatur wird eine geeignete Sonde nach ISO 7726 [35] verwendet. Die Sonde besitzt eine ellipsoide Form mit einer Länge von 156 mm und einem Durchmesser von 55 mm. Die Oberfläche des Sensors wird sowohl von Konvektion als auch von Strahlung beeinflusst und weist einen Emissionskoeffizienten von 0,95 auf. Durch eine Nickeldrahtspule im Inneren der Sonde wird die mittlere Oberflächentemperatur der Hülle gemessen [93]. Verschiedene Körperhaltungen können simuliert werden, indem der Sensorwinkel angepasst wird. Die ellipsoide Form stellt sicher, dass das Verhältnis der projizierten Fläche auf den umgebenden Oberflächen dem eines menschlichen Körpers entspricht. Zum Beispiel wird eine stehende Person mit aufrechter Ausrichtung simuliert, während eine sitzende Person mit einem Winkel von 30° zwischen dem Boden und dem Sensor dargestellt wird. Durch die horizontale Positionierung des Sensors wird eine liegende Person modelliert [35]. Die Verwendung einer solchen operativen Temperatursonde kann die Unsicherheiten in der PMV-Berechnung im Vergleich zu einzelnen Messungen der Lufttemperatur und der mittleren Strahlungstemperatur reduzieren. Die Unsicherheit der Sonde muss unter 0,2 °C liegen [48]. Die im TCM verwendete Sonde erreicht diese Genauigkeit im Temperaturbereich von 10 bis 40 °C [94].

Die Feuchtigkeitssonde verwendet einen kapazitiven Feuchtigkeitssensor [93]. Ein solcher Sensor besteht aus zwei Elektroden, zwischen denen ein hygroskopisches Polymer eingebracht ist, das Wasserdampf aus der Luft absorbieren und resorbieren kann. Diese Wasserdampfgehaltsänderung führt zu einer Änderung der Dielektrizitätskonstante der Beschichtung. Dadurch ändert sich die zwischen den beiden Elektroden gemessene elektrische Kapazität. Aus der Kapazitätsmessung kann die relative Luftfeuchte berechnet werden [95].

Die Messbereiche und die zugehörigen Messabweichungen sowie die Zeitkonstanten der verwendeten Sensorik können **Tabelle 4.2** entnommen werden. Die Reaktion des Messsignals auf einen Sprunganstieg wird durch die

Zeitkonstante charakterisiert. Sie gibt die Dauer an, bis das Messsignal nach dem Sprunganstieg einen Wert von ca. 63,2 % der Messgröße erreicht.

Tabelle 4.2: Messbereiche und Genauigkeiten der verwendeten Sensorik nach [92, 94, 96].

Sonde	Messbereich	Messabweichung	Zeitkonstante
Strömungssonden Geschwindigkeit	0,05–10 m s^{-1}	0–1 m s^{-1}: ±2 % oder ±0,02 m s^{-1} 1–5 m s^{-1}: ±5 % 5–10 m s^{-1}: >±5 %	< 0,1 s
Strömungssonden Temperatur	−20–80 °C	0–45 °C: ±0,2 K −20–60 °C: ±0,4 K 60–80 °C: ±0,5 K	< 0,1 s
Operativtemperatur	0–60 °C	0–10 °C: ±0,5 K 10–40 °C: ±0,2 K 40–45 °C: ±0,5 K	120 s bei $v < 0{,}1$ m s^{-1}
Relative Luft-feuchtigkeit	0–100 %	±1 % rel. Feuchte	60 s bei $v < 0{,}1$ m s^{-1}
Thermoelemente Typ K	−70–205 °C	0–60 °C: ±0,1 K	< 0,25 s

4.2.2 Sensorpositionen

Das Messsystem umfasst vier verschiedene Sensortypen: acht Strömungssonden, eine Operativtemperatursonde, 32 Thermoelemente und eine Feuchtigkeitssonde. Die Platzierung der Strömungssonden erfolgt basierend auf der Thermorezeptordichte der menschlichen Haut. Die Strömungssonden werden primär in Regionen mit einer hohen Konzentration von Thermorezeptoren, die üblicherweise in einem Kraftfahrzeug durch die HLK-Anlage angeströmt werden, platziert. **Abbildung 4.3** zeigt die Verteilung der Kaltrezeptoren auf der menschlichen Haut und die ausgewählten Positionen der Sonden auf dem Manikin. Die Strömungssonden sind in rot, die Thermoelemente in grün, die Operativtemperatursonde in schwarz und die Feuchtigkeitssonde in gelb dargestellt. Die Untersuchungen von Wu und Wagner [87] zeigen eine starke Korrelation zwischen den Hauttemperaturen der oberen Extremitäten und der Operativtemperatur. Deshalb ist die Sonde im Bereich des vorderen Oberkörpers platziert. Aufgrund der meist geringen räumlichen Schwankung der relativen Luftfeuchte wird hierfür nur eine Sonde eingesetzt. Die Feuchtigkeitsonde ist auf der rechten Schulter in Kopfnähe positioniert.

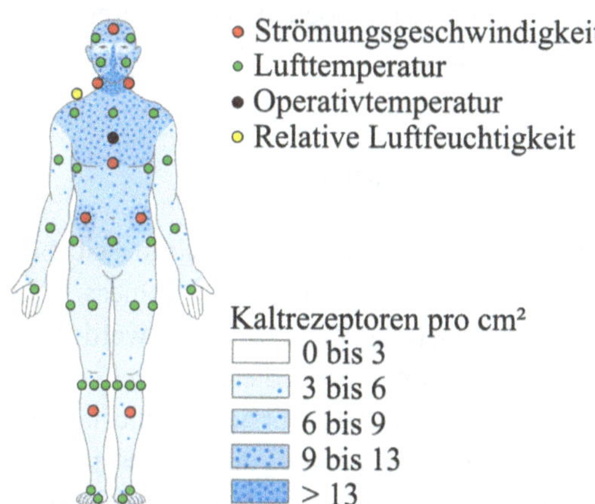

Abbildung 4.3: Thermorezeptorendichte auf dem menschlichen Körper und Sensorpositionen, in Anlehnung an [13].

Der mit Sensorik ausgestattete TCM ist in **Abbildung 4.4** auf einem Fahrzeugsitz dargestellt. Die Strömungssonden sind auf laser-geschnittenen Stahlplatten montiert, die an die Schalenteile des Manikins geschraubt sind. Die Sonden sind durch Stahlkäfige vor Beschädigung bei der Handhabung des TCM geschützt.

Abbildung 4.4: TCM mit Sensorik auf einem Fahrzeugsitz.

Die Thermoelemente sind in kohlefaserverstärkten Röhrchen innerhalb der Schalenteile befestigt. Die Röhrchen stehen dabei leicht über die Oberfläche der Schalenteile hinaus, diese Anordnung ermöglicht die Befestigung von Schutzabdeckungen auf den Thermoelementen während der TCM transportiert oder gehandhabt wird.

4.2.3 Gewichtung der Messgrößen

Nach Fanger sollen die Einflussparameter für eine sitzende Person in den Höhen von 0,2, 0,6 und 1 m über dem Boden gemessen werden. Für jeden Messpunkt soll dann der *PMV* der Zone bestimmt werden und für die Bewertung des Gesamtkörpers der Mittelwert dieser Einzelwerte berechnet werden [22]. Der TCM berechnet den *PMV* für jede Zone mit einer vorhandenen Strömungssonde und gibt den Mittelwert für den gesamten Körper nach Fanger aus. Zusätzlich wird im Folgenden eine Gewichtungsmethodik vorgestellt, die den Wert an einer jeweiligen Messstelle nach der thermischen Sensitivität des Menschen gewichtet und daraus einen weiteren *PMV* für den Gesamtkörper berechnet.

Für die Berechnung des gewichteten *PMV* des gesamten Körpers müssen die gemessenen Strömungsgeschwindigkeiten und Temperaturen an den verschiedenen Körperteilen zu jeweils einem Wert zusammengefasst werden. Wie in **Abbildung 4.3** gezeigt, variiert die Thermorezeptorendichte auf der menschlichen Haut. Deshalb kann ein Temperaturreiz an verschiedenen Körperteilen unterschiedlich stark wahrgenommen werden [97]. Eine Mittelwertbildung kann hier also, vor allem bei starken Abweichungen an einem Körperteil, zu einer Verringerung der Vorhersagegenauigkeit der Komfortbewertung führen. Die gemessenen Strömungsgeschwindigkeiten und Temperaturen des Manikins müssen folglich in geeigneter Weise gewichtet werden.

Ein möglicher Ansatz ist die Gewichtung mit Hilfe der Körperoberflächenanteile nach Hardy-Dubois [98]. Die reine Flächengewichtung unterstellt jedoch eine positive Korrelation zwischen Oberfläche und Empfindungssträke eines Körperteils. Diese Methode wird in der Literatur zur Berechnung der mittleren Hauttemperatur genutzt [99, 100]. Für die Gewichtung der TCM Messwerte werden die Ergebnisse aus [14, 16–19] herangezogen. In diesen Arbeiten wurden männliche und weibliche Probanden mit einem warmen oder kalten Temperaturreiz an unterschiedlichen Körperstellen beaufschlagt und zu ihrem daraus resultierenden Empfinden befragt. Dabei wurde ein nicht-invasives Prüfgerät mit einer 25 cm^2 großen, quadratischen Metalloberfläche auf die Haut aufgelegt. Das Gerät wurde dabei auf 20 °C für den kalten und 40 °C für den warmen Temperaturreiz eingestellt. Die Versuche wurden sowohl mit Probanden in Ruhe als auch während sportlicher Betätigung durchgeführt. Die sportliche Betätigung bestand dabei aus jeweils 20-minütiger Radergometerbelastung bei 50 % bzw. 30 % der, zuvor bestimmten, maximalen Sauerstoffaufnahme VO_{2max}. Das thermische Empfinden wurde 10 s nach Aufbringung des Temperaturreizes durch die Probanden auf einer Skala von 0 „kein warm/kalt Empfinden“ bis 10 „extremes warm/kalt Empfinden“ bewertet. Es waren bei der verwendeten Skala auch Werte über 10, für einen schmerzhaften Temperaturreiz möglich.

Diese Bewertungen werden im Folgenden als Empfindungsfaktoren für die Gewichtung der Messwerte des TCM verwendet und können **Tabelle A.1** im Anhang entnommen werden. Das Geschlecht wird für die Berechnung vom Benutzer vorgegeben. Wenn kein Geschlecht ausgewählt wird, findet eine Mittelwertbildung den jeweiligen Empfindungsfaktoren von männlich und weiblich statt. Da die Empfindungsfaktoren für Probanden in Ruhe und bei körperlicher Betätigung vorliegen, wird hier die vom Benutzer eingestellte Stoffwechselrate für die Auswahl herangezogen. Bei den meisten Untersuchungen in Kraftfahrzeugen wird eine Fahrtätigkeit für den Fahrer (1,5 met) oder eine leichte sitzende Tätigkeit (1,0–1,1 met) für die Beifahrer angenommen [20, 101]. Es ist also für die meisten Betrachtungen die Empfindung in Ruhe relevant. Vor allem in autonomen Peoplemovern im öffentlichen Personennahverkehr (ÖPNV) sind jedoch auch andere Stoffwechselraten denkbar, deshalb wird dies in der Berechnung der Gewichtungsfaktoren berücksichtigt. Dazu muss die körperliche Belastung aus den Arbeiten von Ouzzahra mit der Stoffwechselrate aus ISO 7730 in Bezug gesetzt werden. Nach ASHRAE 55 [20] und ISO 8996 [101] entspricht eine ruhende Tätigkeit einer Stoffwechselrate von 1,0 met. Die maximale Stoffwechselrate in den enthaltenen Tabellen beträgt 8,7 met und Werte für eine sportliche Betätigung liegen im Bereich von 3,0 bis 4,0 met. Für die Belastung von 50 % des VO_{2max} wird im Folgenden angenommen, dass die Stoffwechselrate hierbei 4,0 met erreicht. Je nach Wahl der Stoffwechselrate M und der Lufttemperatur ϑ_i der Messstelle i wird zur Berechnung der Gewichtungsfaktoren eine lineare Kreuzinterpolation zwischen den Empfindungsfaktoren in

Ruhe, bei 50 % VO_{2max} sowie bei Warm- und Kaltreiz durchgeführt. Mit dem Empfindungsfaktoren bei Kaltreiz in Ruhe $f_{kR,i}$ und sportlicher Betätigung $f_{kS,i}$, bei Warmreiz in Ruhe $f_{wR,i}$ und bei sportlicher Betätigung $f_{wS,i}$ sowie dem bekleidungsabhängigen Dämpfungsfaktor $D_{cl,i}$ ergibt sich der Gewichtungsfaktor einer Messstelle i zu

$$\begin{aligned} g_i = \Big(f_{kR,i} - \left(f_{kR,i} - f_{kS,i}\right) \phi(M) \\ - \psi(\vartheta_i) \Big(f_{kR,i} - f_{wR,i} - \left(f_{kR,i} - f_{kS,i}\right) \phi(M) \\ + \left(f_{wR,i} - f_{wS,i}\right) \phi(M) \Big) \Big) D_{cl,i}. \end{aligned} \qquad \text{Gl. 4.1}$$

Dabei sind $\phi(M)$ und $\psi(\vartheta_i)$ die von der Stoffwechselrate und gemessenen Lufttemperatur abhängigen Interpolationsterme. Für Stoffwechselraten und Temperaturen außerhalb der von Ouzzahra und Gerrett untersuchten Grenzen soll nicht extrapoliert werden. Folglich müssen die beiden Interpolationsterme für die Stoffwechselrate sowie die Temperatur eingeschränkt werden. Mit der zuvor definierten Stoffwechselrate in Ruhe M_R und bei sportlicher Betätigung M_S folgt für den ersten Interpolationsterm für eine gegebene Stoffwechselrate M die Definition

$$\phi(M) = \begin{cases} 0 & , M < M_R \\ \dfrac{(M - M_R)}{M_S - M_R} & , M_R \leq M \leq M_S \\ 1 & , M > M_S. \end{cases} \qquad \text{Gl. 4.2}$$

Für den zweiten Interpolationsterm folgt mit der Temperatur des Kaltreizes ϑ_k und des Warmreizes ϑ_w für die an einem Körperteil gemessene Temperatur ϑ_i der Zusammenhang

$$\psi(\vartheta_i) = \begin{cases} 0 & , \vartheta_i < \vartheta_k \\ \dfrac{(\vartheta_i - \vartheta_k)}{\vartheta_w - \vartheta_k} & , \vartheta_k \leq \vartheta_i \leq \vartheta_w \\ 1 & , \vartheta_i > \vartheta_w. \end{cases} \qquad \text{Gl. 4.3}$$

Die von Ouzzahra und Gerrett veröffentlichten Empfindungsfaktoren wurden mit unbekleideten Probanden bestimmt. Durch die Isolationswirkung eines Kleidungsstücks kann der empfundene Temperaturreiz an einem Körperteil jedoch stark abgemildert werden. Da der TCM zur Komfortbestimmung in Kraftfahrzeugen eingesetzt werden soll, muss der Einfluss der Bekleidung bei der Gewichtung berücksichtigt werden. Dazu wird der Dämpfungsfaktor

$D_{cl,i}$ eingeführt, der die Gewichtungsfaktoren von Messstellen abhängig von der jeweiligen Bekleidung abschwächt. Zur Berechnung dieses Faktors werden die Ergebnisse von Nelson et al. aus [102] herangezogen. Hier sind die lokalen Isolationswerte für gängige Kleidungsstücke bezogen auf die von ihnen bedeckte Körperoberfläche enthalten. Die in ISO 7730 [21] oder ASHRAE 55 [20] enthaltenen Bekleidungsisolationen beziehen sich auf den gesamten Körper. Ein Kleidungsstück kann jedoch, bezogen auf die von ihm bedeckte Körperoberfläche, lokal eine stark unterschiedliche Isolationswirkung haben [102]. Nach ISO 7730 haben beispielsweise Schuhe mit fester Sohle einen Gesamtbekleidungsisolationswert von 0,04 clo im Vergleich zu einer Hose mit 0,25 clo. Bezogen auf seine bedeckte Fläche hat ein Schuh jedoch lokal eine deutlich höhere Isolationswirkung als eine Hose. Werden diese Werte zur Dämpfung von am Fuß und Bein gemessenen Temperaturen verwendet, so wird der Einfluss des Fußes, über- und der des Beins unterbewertet. Die auf die bedeckte Fläche bezogenen, lokalen Isolationswerte aus [102] betragen für einen Schuh 1,43 clo und für eine Hose 0,53 clo. Durch Verwendung dieser Werte kann eine realistischere Gewichtung für am Fuß oder Bein gemessene Temperaturen durchgeführt werden. Der Dämpfungsfaktor für eine Messstelle berechnet sich mit dem lokalen Isolationswert $I^*_{cl,i}$ und dem maximalen lokalen Isolationswert $I^*_{cl,max}$ zu

$$D_{cl,i} = 1 - \frac{I^*_{cl,i}}{I^*_{cl,max}}. \qquad \text{Gl. 4.4}$$

Unbekleidete Körperteile bzw. Messstellen mit einem lokalen Bekleidungsfaktor $I^*_{cl,i}$ von Null werden nach obenstehender Definition also nicht gedämpft und fließen voll in die Berechnung ein. Für den maximalen lokalen Isolationswert wird der höchste in den Daten von Nelson et al. enthaltene Wert von 5,15 herangezogen. Die verwendeten lokalen Isolationswerte sind für einige gängige Bekleidungszusammenstellungen in **Tabelle A.2** im Anhang zusammengestellt. Abhänig von dem festgelegten Bekleidungsfaktor wird eine entsprechende Bekleidungszusammenstellung zur Berechnung der Dämpfungsfaktoren aus **Tabelle A.3** gewählt. Aus den mit Gl. 4.1 berechneten Gewichtungsfaktoren g_i sowie den Temperaturen ϑ_i der Messstellen wird die gewichtete Gesamttemperatur nach

$$\vartheta_g = \frac{\sum \vartheta_i g_i}{\sum g_i} \qquad \text{Gl. 4.5}$$

berechnet. Da der konvektive Wärmeübergang eines Körperteils sowohl von der Lufttemperatur als auch der Luftgeschwindigkeit abhängig ist, werden für die Gewichtung der gemessenen Strömungsgeschwindigkeiten ebenfalls die berechneten Gewichtungsfaktoren g_i aus Gl. 4.1 basierend auf der Lufttemperatur der jeweiligen Messstelle verwendet. Die gewichtete Gesamtströmungsgeschwindigkeit berechnet sich mit den Strömungsgeschwindigkeiten der einzelnen Messstellen v_i zu

$$v_g = \frac{\sum v_i g_i}{\sum g_i}. \qquad \text{Gl. 4.6}$$

Die relative Luftfeuchtigkeit wird nur an einer Stelle des TCM gemessen, folglich entfällt eine Gewichtung für diesen Parameter. Die gewichteten Parameter werden anschließend zur Berechnung eines gewichteten vorausgesagte mittlere Votums für den gesamten Körper PMV_g nach Gl. 3.3 verwendet. In Abschnitt 5.2 wird diese neue Berechnungsmethode mit der klassischen nach ISO 7730 verglichen.

4.2.4 Bestimmung der mittleren Strahlungstemperatur

Im TCM wird eine Operativtemperatursonde verwendet, für die Definition wird an dieser Stelle auf Unterabschnitt 3.1.1 verwiesen. Zur Berechnung des PMV wird die mittlere Strahlungstemperatur benötigt. Sie berücksichtigt nur den Wärmeaustausch durch Strahlung und schließt Konvektion aus. Die mittlere Strahlungstemperatur wird unter Verwendung der gemessenen Operativtemperatur ϑ_o, Lufttemperatur ϑ_a, der Stefan-Boltzmann-Konstanten σ, des Emissionskoeffizienten der Operativtemperatursonde ε_o und des konvektiven Wärmeübergangskoeffizienten $h_{c,o}$ nach

$$\bar{\vartheta}_r = \sqrt[4]{(273{,}15 + \vartheta_o)^4 + \frac{h_{c,o}}{\varepsilon_o\, \sigma}(\vartheta_o - \vartheta_a)} - 273{,}15, \qquad \text{Gl. 4.7}$$

berechnet [103]. Der konvektive Wärmeübergangskoeffizient wird hierfür sowohl für freie als auch erzwungene Konvektion berechnet und der höhere der beiden Werte wird zur Berechnung herangezogen

$$h_{c,o} = \max\left(18\, {v_a}^{0{,}55}, 3\, \sqrt[4]{|\vartheta_o - \vartheta_a|}\right). \qquad \text{Gl. 4.8}$$

4.3 Auswertungssoftware

Zur Umformung und Verarbeitung der Messdaten wurde ein LabVIEW-Programm mit einer grafischen Benutzeroberfläche (GUI) entwickelt. Die Software LabVIEW ist ein von National Instruments entwickeltes, grafisches Programmiersystem das hauptsächlich in der Mess- und Regelungstechnik Anwendung findet. Die in LabVIEW erstellten Programme werden auch als Virtuelle Instrumente (VI) bezeichnet. Sie bestehen aus dem Frontpanel und dem Blockdiagramm. Das Frontpanel dient zur Interaktion mit dem Benutzer des VI und das Blockdiagramm enthält den grafischen Programmcode [104]. Messdaten können in verschiedenen Dateitypen aufgezeichnet werden. In der vorliegenden Arbeit wird das TDMS-Dateiformat (Technical Data Management Streaming) verwendet. Hierbei handelt es sich um ein, von National Instruments entwickeltes, binäres Dateiformat zur kontinuierlichen Speicherung von Messdaten. Die Daten werden ohne vorherige Zwischenspeicherung während des Programmablaufs kontinuiertlich in die Ausgabedatei geschrieben. Deshalb eignet sich das TDMS-Format für Echtzeitanwendungen [105]. Dies bietet unter anderem den Vorteil, dass bei einem Programmfehler oder Ausfall der Messeinrichtung alle bis zu diesem Zeitpunkt aufgezeichneten Messwerte auf dem permanenten Datenträger des Rechners gesichert sind. Dies kann besonders bei transienten thermischen Messungen von Vorteil sein, da diese meist lange Vorkonditionierungen und Messdauern erfordern.

Innerhalb des Programms werden die Messsignale umgeformt, die zuvor beschriebene Gewichtung durchgeführt und die Komfortwerte berechnet. Die resultierende Messdatei beinhaltet alle umgeformten Messdaten in ihrer finalen Form und die berechneten Komfortbewertungsparameter. Die aufgezeichneten Messdaten umfassen die in Unterabschnitt 4.2.2 beschriebenen Sensorwerte: Strömungsgeschwindigkeiten, Lufttemperaturen, die relative Luftfeuchtigkeit sowie die Operativtemperatur. Aus den Luftgeschwindigkeiten werden Turbulenzgrade sowie Zugluftraten nach Gl. 3.5, Gl. 3.6 und Gl. 3.7 berechnet und aufgezeichnet. Für jedes Körperteil i mit einer Strömungssonde wird mit der nach Gl. 4.7 berechneten mittleren Strahlungstemperatur der lokale PMV_i und PPD_i berechnet. Durch eine Mittelwertbildung aller Sondenwerte wird der PMV und PPD nach ISO 7730 berechnet. Außerdem wird mit den nach Gl. 4.5 und Gl. 4.6 gewichteten Sondenwerten das gewichtete vorausgesagte mittlere Votum für den gesamten Körper PMV_g

sowie PPD_g berechnet. Aus der vertikalen Temperaturdifferenz zwischen Kopf und Fuß wird nach Gl. 3.8 der Prozentsatz an Unzufriedenen aufgrund einer vertikalen Temperaturdifferenz berechnet.

Das Programm umfasst außerdem die Echtzeitdarstellung von sowohl Mess- als auch Komfortwerten auf der Benutzeroberfläche und ermöglicht so die Auswirkungen von Konfigurationsänderungen auf die Komfortbewertung während einer Messung zu evaluieren. Die entwickelte Benutzeroberfläche des TCM-Messprogramms ist in **Abbildung 4.5** dargestellt.

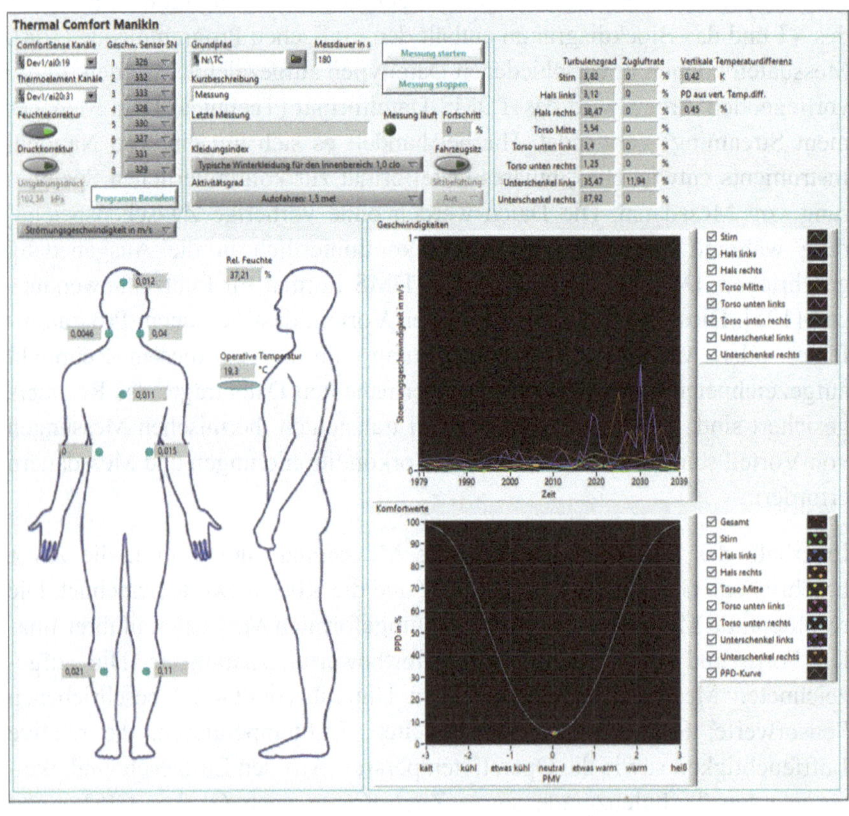

Abbildung 4.5: Benutzeroberfläche des TCM-Messprogramms.

Links oben werden die Messkanäle sowie die Kalibrationsdateien der Sonden ausgewählt. Außerdem kann hier die Druck- und Feuchtekorrektur aktiviert werden. Zur Korrektur werden die gemessenen Feuchtigkeitswerte der im

TCM integrierten Sonde verwendet, während der Umgebungsdruck durch den Benutzer im GUI vorgegeben werden kann. Rechts davon wird der Ausgabepfad und Name der Messdatei, die Messdauer sowie die Stoffwechselrate und der Bekleidungsfaktor definiert. Hier kann die Messung gestartet und beendet werden und es wird der aktuelle Fortschritt einer Messung in Prozent angezeigt. Rechts oben werden die berechneten Turbulenzgrade, Zugluftraten sowie die vertikale Temperaturdifferenz mit zugehörigem Prozensatz der Unzufriedenen angezeigt. Links unten können die Messwerte der Sonden abhänig von ihrer Position auf dem TCM angezeigt werden. Rechts unten werden die zeitlichen Verläufe der Luftgeschwindigkeiten sowie des PPD über PMV der Körperteile und des gesamten Körpers dargestellt. Der Einfluss eines Fahrzeugsitzes auf das thermische Empfinden wird durch die Anpassung der Bekleidungsisolation berücksichtigt. In der Nutzeroberfläche kann die Berücksichtigung des Fahrzeugsitzes sowie der Sitzbelüftung angewählt werden. Die Bekleidungsisolation wird durch einen Fahzeugsitz um 0,25 clo [106] und durch einen Flugzeugsitz um 0,24 clo [107] erhöht. Durch eine Sitzbelüftung wird die Isolationswirkung des Sitzes, je nach Volumenstrom der Belüftung, teilweise wieder aufgehoben. In den meisten am Markt verfügbaren Systemen wird Luft aus der Fahrzeugkabine am Bereich der Sitzrückseite mit Hilfe von Lüftern angesaugt und durch Kanäle im Sitzpolster zur Kontaktfläche mit dem Insassen transportiert. Es findet üblicherweise keine gesonderte Konditionierung der Luft statt. Die Ausblastemperatur auf der Sitzoberfläche entspricht hier also weitestgehend der im Fahrzeuginnenraum herrschenden Lufttemperatur. Die Bekleidungsisolation wird durch die Sitzbelüftung, je nach eingestelltem Volumenstrom, um 10 bis 20 % reduziert [31, 106].

4.4 Digitaler Zwilling

In frühen Phasen des Entwicklungsprozesses ist meist noch kein Fahrzeugprototyp vorhanden. Um hier eine Vorhersage der thermischen Behaglichkeit zu ermöglichen, ist ein geeigneter Simulationsansatz erforderlich. Die Ergebnisse sollten mit den Messergebnissen des TCM vergleichbar sein, um im gesamten Entwicklungsprozess einheitliche und vergleichbare Werte zu erhalten. Für die numerische Strömungssimulation wird exemplarisch das Softwarepaket PowerFLOW von Dassault Systèmes mit seinem auf der Lattice-Boltzmann-Methode (LBM) basierenden Solver verwendet. Die Simulationswerkzeuge werden im Folgenden kurz vorgestellt. Anschließend werden der Aufbau des TCM-Simulationsmodells sowie der Simulationsprozess beschrieben. Die vorgestellte Methode beschränkt sich jedoch nicht ausschließlich auf die hier gezeigte Software. Grundsätzlich ist hierfür jeder Strömungssolver geeignet, der über einen integrierten oder gekoppelten thermischen Solver verfügt und dadurch die Modellierung von Wärmestrahlung sowie -konvektion ermöglicht.

4.4.1 Simulationswerkzeuge

In der Fahrzeugentwicklung kommen in frühen Phasen Simulationsmethoden zum Einsatz. Hierdurch können bspw. Designentscheidungen bereits ohne Vorhandensein eines funktionsfähigen Prototyps erleichtert werden. Ein wichtiges Werkzeug stellt hierbei die numerische Strömungsimulation dar. Sie wird unter anderem zur Berechnung des Strömungsfelds in Fahrzeugkabinen verwendet. Klassich werden diese Strömungssimulationen isotherm berechnet, durch die Kopplung mit einem thermischen Solver kann jedoch auch die Temperaturverteilung sowie der Wärmeaustausch berechnet werden.

Die Ausgangsbasis solcher Simulationen stellt die mit Computer-Aided Design (CAD) erstellte Geometrie des Fahrzeugs und seiner Komponenten dar. Diese CAD-Geometrie muss durch geeignete Elemente diskretisiert werden. Die Elemente sind an ihren Eckpunkten, den sogenannten Knoten, miteinander verbunden und es entsteht dadurch ein Netz. Es kann generell zwischen zweidimensionalen und dreidimensionalen Netzen unterschieden werden. Bei zwei Dimensionen kann die Geometrie beispielsweise durch Quadrate oder Dreiecke und bei drei Dimensionen durch Hexaeder oder Tetraeder diskretisiert werden.

PowerFLOW ist ein CFD-Softwarepaket der Firma Dassault Systèmes Simulia Corporation. Es verwendet zur Berechnung der Strömung, im Gegensatz zu den meisten anderen CFD-Codes, keine partiellen Differentialgleichungen wie die Navier-Stokes-Gleichung, sondern eine Erweiterung der Lattice-Bolzmann-Methode. Die Strömung von Fluiden wird durch die Berechnung der Bewegungen von Makromolekülen in Raum und Zeit simuliert. Masse, Impuls und Energie der Moleküle werden dabei berücksichtigt, um das Fluidverhalten abzubilden. Es handelt sich um einen zeitabhängigen Solver [108]. Dies ermöglicht die zeitliche Auflösung von Turbulenzen und damit die Berechnung des Turbulenzgrades sowie der Zugluftrate. Das Softwarepaket besteht aus mehreren einzelnen Programmen. Mit PowerCASE kann ein Simulationsfall erstellt werden. Hier können die Randbedingungen wie Strömungsgeschwindigkeit, Temperatur und Druck des simulierten Falls definiert werden. PowerVIZ ist der Postprozessor von PowerFLOW und wird zur Visualisierung der Ergebnisse verwendet.

PowerTHERM ist eine thermische Simulationssoftware, die im Rahmen des Softwarepakets PowerFLOW vertrieben wird. Dabei handelt es sich grundsätzlich um dieselbe Software, die auch unter dem Namen TAITherm von Thermo Analytics angeboten wird. Es besteht eine Kooperation zwischen den beiden Firmen. PowerTHERM erlaubt es, die Temperaturverteilung der Festkörper eines zugrundeliegenden Simulationsmodells zu berechnen. Dazu werden die dreidimensionale Wärmeleitung, Konvektion und Wärmestrahlung unter stationären als auch transienten Bedingungen modelliert. Außerdem kann das Programm mit dem CFD-Solver PowerFLOW gekoppelt werden, um auch erzwungene Konvektion durch eine Fluidströmung zu berücksichtigen [109]. Dabei werden unter Berücksichtigung der Konvektion die Fluidtemperaturen und Wärmeübergangskoeffizienten von PowerFLOW berechnet und an PowerTHERM übergeben. PowerTHERM berechnet damit unter Berücksichtigung der Wärmeleitung und -strahlung die Oberflächentemperaturen der Bauteile und gibt diese an PowerFLOW zurück. Dieser Zyklus wiederholt sich für jeden Kopplungsschritt der Simulation [110].

Auch für die Modellierung von Bauteilen in PowerTHERM muss eine vernetzte Geometrie verwendet werden. Es wurde für die Verwendung von zweidimensionalen Schalennetzen konzipiert, unterstützt jedoch auch dreidimensionale Volumennetze. Bei der Verwendung eines dreidimensionalen Netzes benötigt jedes Volumenelement ein zugehöriges Schalenelement, da Volumenelemente lediglich zur Modellierung der Wärmeleitung herangezogen werden. Wärmestrahlung sowie Konvektion kann nur durch das zugehörige Schalenelement berücksichtigt werden. Für die meisten Fälle wird empfohlen, dreidimensionale Körper ausschließlich durch Schalenelemente zu modellieren. Nur wenn die genaue Temperaturverteilung durch Wärmeleitung in einem Festkörper modelliert werden soll, wird die Verwendung eines Volumennetzes empfohlen [76]. Zur vollständigen Beschreibung eines Modells müssen die Dicke und Anzahl der Schichten sowie deren Materialeigenschaften definiert werden. So wird das innere Volumen des Körpers vereinfacht modelliert. Es können sowohl Dreiecks- als auch Viereckselemente verwendet werden. Die Polygone sollten ein Seitenverhältnis nahe eins haben und gleichmäßig über die zu modellierende Fläche verteilt sein [109]. In der Mitte jedes Elements wird ein sogenannter Thermalknoten gelegt, an dem die Temperatur berechnet wird. Bei Zuweisung mehrerer Schichten steigt die Anzahl an Thermalknoten durch eine virtuelle Duplizierung des Schalennetzes entsprechend. Ein Netz mit 10 Elementen, dem anschließend zwei Schichten zugewiesen werden, ergibt z. B. ein Modell mit insgesamt 20 Thermalknoten. Die Diskretisierungsgenauigkeit und damit die Temperaturauflösung über der Dicke eines Bauteils kann also durch die Zuweisung von mehreren Schichten erhöht werden [76].

4.4.2 Modellaufbau

Zur Verwendung in der Simulation muss ein diskretisiertes Oberflächennetz des TCM vorliegen. Das Oberflächennetz wird aus den CAD-Daten generiert und ist in **Abbildung 4.6** dargestellt. Es besteht aus ca. 200.000 Elementen. Die Geschwindigkeitssonden, die Feuchtigkeitssonde sowie die Thermoelemente werden in der Simulation als Sonden ohne Geometrie modelliert. Eine genaue geometrische Beschreibung und Auflösung dieser, im Vergleich zum TCM kleinen Geometrien, würde zu einem deutlichen Anstieg der Elementzahl des Netzes und damit zu erhöhten Rechenzeiten führen. Die Messpunkte werden als Starrkörperknoten definiert, die mit dem Oberflächennetz des TCM verbunden sind. So wird die korrekte Position der Sonden relativ zur Oberfläche des TCM bei Rotation oder Translation des Modells sichergestellt. Der Abstand der Knoten zum Oberflächennetz wird entsprechend der Abstände von den jeweiligen Messsonden zur Manikinoberfläche gewählt. Bei den Strömungssonden ergibt sich hier je nach Position ein Abstand von ca. 20 mm und für die Thermoelemente von ca. 6 bis 8 mm. Bei der Definition der Sondenpunkte im CFD-Modell wird ein Durchmesser von 10 mm für die Strömungssonden und 5 mm für die Thermoelemente definiert. Die Geometrie der operativen Temperatursonde wird diskretisiert. Dies ist notwendig, um Strahlungseffekte auf der Sensoroberfläche zu berücksichtigen, die sich wiederum auf die gemessene Operativtemperatur auswirken. Es werden die Temperaturen aller Oberflächenknoten der Sensoroberfläche in die Ergebnisdatei exportiert. Anschließend werden diese gemittelt, um die Operativtemperatur der Sonde zu bestimmen.

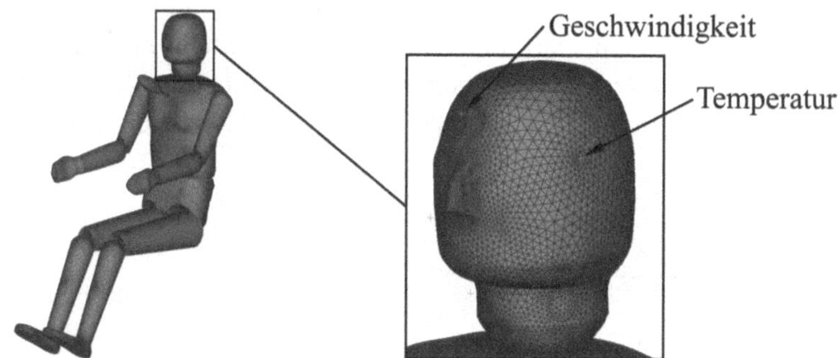

Abbildung 4.6: Oberflächennetz mit modellierten Sonden des digitalen TCM.

Für die Simulation von Aufheiz- oder Abkühlvorgängen, die sich über mehrere Minuten erstrecken, ist ein effizienter instationärer Berechnungsansatz erforderlich. Hierfür sind andere Methoden erforderlich und es müssen einige vereinfachende Annahmen getroffen werden. Es wird zuerst eine Simulation über einige Sekunden, bei der sich das Strömungsfeld in der Kabine ausbildet, durchgeführt. Im Folgenden Flow Development (FD) Simulation genannt. Anschließend wird eine zweite Simulation durchgeführt, bei der das aus der ersten Simulation resultierende Strömungsfeld eingefroren wird, die sogenannte Velocity Freeze (VF) Simulation [111]. Während der ersten instationären Simulation werden die Zugluftraten und Komfortwerte anhand der Ergebnisdaten der Fluiddatei berechnet. In der zweiten Simulation wird das gemittelte Strömungsfeld aus der ersten Simulation eingefroren. Das Rechengitter wird vergröbert, und es werden im weiteren Verlauf nur die Oberflächen- und Fluidtemperaturen simuliert, während die lokalen Strömungsgeschwindigkeiten konstant gehalten werden. Die Luftfeuchtigkeit kann sich während dieses Simulationsschritts verändern. Sollte sich im betrachteten Fall der Massendurchsatz am Einlass ändern, wird eine weitere Simulation zur Strömungsentwicklung durchgeführt. Anschließend erfolgt eine weitere Simulation mit eingefrorenem Strömungfeld mit dem neuen Strömungsfeld, wie in **Abbildung 4.7** dargestellt.

Bei Simulationen mit eingefrorenem Strömungfeld bleiben die lokalen Strömungsgeschwindigkeiten über der Zeit unverändert. Dies hat zur Folge, dass die Berechnung des Turbulenzgrades und der Zugluftrate nicht mehr möglich ist. In diesen Fällen wird folgende vereinfachende Annahme getroffen: Die mittlere Strömungsgeschwindigkeit und der Turbulenzgrad aus der vorangegangenen Flow Development Simulation werden gemittelt und während des gesamten Simulationszykluses als konstant angenommen. In Verbindung mit der simulierten Lufttemperatur ermöglicht dies die Berechnung der Zugluftrate gemäß Gl. 3.5.

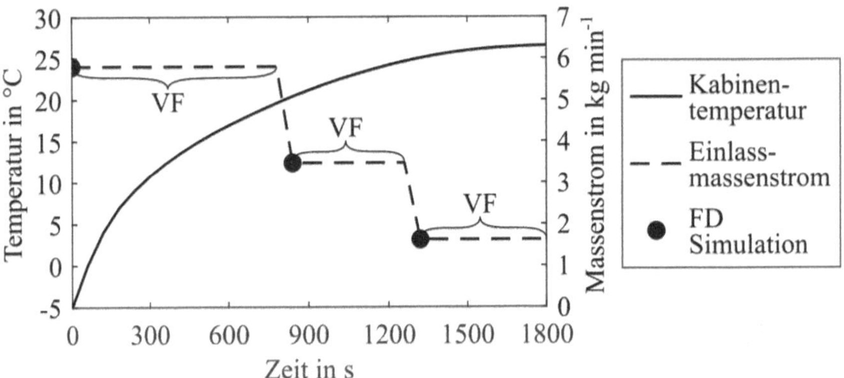

Abbildung 4.7: Abfolge der Simulationsschritte anhand eines beispielhaften Aufheizfalls mit variierendem Einlassmassenstrom, dabei ist FD: Flow Development und VF: Velocity Freeze.

Bei transienten Simulationen ist eine genaue Modellierung der spezifischen Wärmekapazität des Manikins entscheidend, um realistische Temperaturgradienten über der Zeit zu erreichen. Um den Simulationsprozess zu vereinfachen, wird ein einzelner Ersatzwert für die spezifische Wärmekapazität des Manikins $c_{p,manikin}$ berechnet. Es wird der massengewichtete Durchschnitt aller Komponenten berechnet, hierzu werden die Massen m_i der einzelnen Materialien, ihre jeweiligen spezifischen Wärmekapazitäten $c_{p,i}$ sowie die Gesamtmasse des Manikins $m_{manikin}$ verwendet:

$$c_{p,manikin} = \frac{1}{m_{manikin}} \sum_{i=1}^{n} m_i c_{p,i} \,. \qquad \text{Gl. 4.9}$$

Die Massen der Komponenten wurden im Falle der zugelieferten Bauteile wie z. B. den Gelenken, Schrauben oder Konstruktionsprofilen mit Hilfe der

Datenblätter des jeweiligen Herstellers bestimmt. Die Massen der FDM-Teile des TCM wurden direkt gewogen. Mit den ermittelten Massen sowie den Wärmekapazitäten aus den Datenblättern [112–117] ergibt sich nach Gl. 4.9 eine spezifische Ersatzwärmekapazität von 1293,8 J kg^{-1} K^{-1} bei einer Temperatur von 30 °C. Die Wärmekapazität wird für einen Temperaturbereich von 0 bis 60 °C bestimmt. Dieser Bereich deckt die primären Einsatztemperaturen des TCM ab. Die Ersatzdichte zur Verwendung im thermischen Solver wird mit dem Gesamtgewicht, das aus Summation der zuvor bestimmten Gewichte der Einzelkomponenten gewonnen wird, sowie dem Volumen des diskretisierten TCM-Modells berechnet. Sie ergibt sich damit zu einem Wert von 357,08 kg m^{-3}.

Wärmestrahlung hat einen großen Einfluss auf die Operativtemperatursonde. Daher ist eine ausreichend genaue Modellierung des Strahlungseffekts in der Simulation entscheidend. Nach Gl. 2.7 muss zur Berechnung des Wärmeaustauschs durch Strahlung zusätzlich zu den Oberflächentemperaturen und der Oberfläche auch der Emissionsgrad eines Körpers bekannt sein. Die Außenhaut des TCM wird fast vollständig durch die FDM-Teile bedeckt. Es wird hier also vereinfachend ein einheitlicher Emissionsgrad für die gesamte Oberfläche des TCM angenommen. Bei einer Umgebungstemperatur von 22 °C wurde an sechs unterschiedlichen Messtellen der Emissionsgrad bestimmt und der Mittelwert aus den Messwerten gebildet, er ergibt sich zu 0,924. Das verwendete Messgerät vom Typ Inglas TIR 100-2 basiert auf dem Messprinzip der totalen inneren Reflexion (TIR) nach DIN EN 15976 und 16012 [118, 119]. Es besitzt einen Messbereich von 0,02 bis 0,98, eine Wiederholgenauigkeit von ±0.005 für Probem mit niedrigem und ±0.01 für Proben mit hohem Emissionsgrad [120, 121].

4.4.3 Simulationsprozess

Der entwickelte Simulationsprozess umfasst fünf verschiedene Schritte, die in **Abbildung 4.8** dargestellt sind. Das diskretisierte Manikin-Modell kann mit dem Vorverarbeitungswerkzeug ANSA in der virtuellen Fahrzeugkabine positioniert werden. Das digitale Manikin ist als LS-DYNA-Dummy definiert, dies ermöglicht die Translation sowie Artikulation der Gelenke in Übereinstimmung mit den Freiheitsgraden des Hardware-Manikins. Die Sensoren sind als Starrkörperknoten modelliert, die mit dem Oberflächennetz des Manikins verbunden sind und sich mit diesem bewegen. Die positionierte

Nastran-Datei wird mit einem Python-Skript verarbeitet, um die Koordinaten der Sensorpositionen zu extrahieren. Diese werden dann in eine Textdatei geschrieben, die alle erforderlichen Sensordaten enthält. Die Textdatei wird vom Python-Skript automatisch in die PowerFLOW-Datei importiert. Dieses Skript automatisiert die Erzeugung von Fluid- und Oberflächenmesssonden an den relevanten Stellen im CFD-Modell. Nach dem gekoppelten Simulationslauf können die Ergebnisse für alle Sondenpositionen mit Hilfe eines Post-Processing-Skripts exportiert werden. Dieses Skript nutzt die Power-ACOUSTICS-Software, um die Ergebnisse aus den Fluiddaten zu extrahieren und überträgt die resultierenden Textdateien in ein Ausgabeverzeichnis. Diese Textdateien enthalten alle zuvor beschriebenen physikalischen Größen, die auch bei der Messung mit dem TCM aufgezeichnet werden. Im letzten Schritt werden die Ausgabedateien vom LabVIEW-Programm eingelesen, welches damit die Komfortwerte berechnet und diese in eine TDMS-Datei ausgibt. Die Struktur dieser Ausgabedatei entspricht derselben Struktur einer Messdatei des TCM.

Geometrie-vorbereitung	Vernetzung der Kabinengeometrie Positionierung des TCM	NASTRAN-Netz
Sonden-positionen	Koordinaten aus NASTRAN Erstellung & Konfiguration Sonden	PowerCASE-Datei
CFD Simulation	Randbedingungen, Geometry-Import Gekoppelter Simulationslauf	Ergebnis-Dateien
Ergebnis-export	Export der transienten Sondenergebnisse	CSV-Datei
Komfort-parameter	Import der Sondenergebnisse Berechnung der Komfortbewertung	TDMS-Datei

Abbildung 4.8: Prozessablauf einer Komfortsimulation mit dem TCM.

Das LabVIEW Auswertungsprogramm benötigt zur Berechnung der Komfortwerte als Eingsangsparamter die relative Luftfeuchtigkeit in Prozent. Die Simulation gibt jedoch den Massenanteil von Wasserdampf aus. Durch Kombination der Grundgleichungen für die relative Luftfeuchtigkeit φ, die Wasserbeladung x sowie die spezifische Luftfeuchtigkeit q aus [5] berechnet sich mit der Lufttemperatur ϑ, dem Luftdruck p sowie den molaren Massen von reinem Wasser M_W mit 18,01528 g mol^{-1} und trockener Luft M_{tL} mit 28,9644 g mol^{-1} die relative Luftfeuchtigkeit zu

$$\varphi = \frac{p\, q\, M_{tL}}{e(\vartheta)\,(M_W - M_W\, q + M_{tL}\, q)}. \quad \text{Gl. 4.10}$$

Hierbei ist $e(\vartheta)$ der temperaturabhängige Wasserdampfdruck, der nach

$$e(\vartheta) = a_0 + \vartheta\left(a_1 + \vartheta\left(a_2 + \vartheta\left(a_3 + \vartheta\big(a_4 + \vartheta(a_5 + \vartheta\, a_6)\big)\right)\right)\right) \quad \text{Gl. 4.11}$$

berechnet wird [122]. Die Faktoren a_0 bis a_6 sind stoffabhängige Konstanten und können für Wasser und Eis im Temperaturbereich von −50 bis 100 °C aus [122] entnommen werden.

5 Validierung des Ansatzes

Für den Einsatz der vorgestellten Methode in verschiedenen Phasen des Entwicklungsprozesses muss eine Vergleichbarkeit zwischen TCM-Messungen und Simulationen gegeben sein. Im Folgenden werden deshalb Experimente unter kontrollierten Umgebungsbedingungen durchgeführt und zur Validierung des Simulationsansatzes genutzt. Außerdem wird der Aufbau für Simulationen zum Vergleich des TCM mit den im Stand der Technik beschriebenen Komfortmodellen verwendet. Die Komfortbewertungen der untersuchten Modelle werden anschließend verglichen, um die TCM-Methode im Kontext der objektiven thermischen Komfortbewertung einzuordnen.

5.1 Experimentelle Validierung des digitalen Zwillings

Um die Vergleichbarkeit der Ergebnisse zwischen Experiment und Simulation zu überprüfen, werden Messungen mit dem TCM unter definierten Randbedingungen in einer Klimaprüfkammer durchgeführt. Anschließend wird der experimentelle Aufbau in der Simulationsumgebung mit dem in Abschnitt 4.4 beschriebenen Vorgehen abgebildet. Nachfolgend wird zuerst der Aufbau des Experiments sowie das Simulationsmodell beschrieben. Dann werden die einzelnen Sondenwerte aus Experiment und Simulation miteinander verglichen. Anschließend werden die daraus resultierenden Komfortwerte gegenübergestellt und diskutiert.

5.1.1 Aufbau des Experiments

Die Validierungsmessungen wurden in einer Klimaprüfkammer der Firma Weiss Umwelttechnik GmbH vom Typ WT 8‘/40-60 mit einem Prüfraum von 2 x 2 x 2 m durchgeführt. Diese Kammer bietet einen Temperaturbereich von −30 bis 60 °C, mit einer Aufheiz- und Abkühlgeschwindigkeit nach IEC 60068-3-5 [123] von 1 K pro Minute sowie einer Temperaturkonstanz von ≤ ±1 K [124]. In der Klimaprüfkammer ist eine zweite Kammer, die

D. Gehringer, *Objektive Bewertung des thermischen Innenraumkomforts in Simulation und Experiment*, Wissenschaftliche Reihe Fahrzeugtechnik Universität Stuttgart, https://doi.org/10.1007/978-3-658-51618-5_5

sogenannte ThermoCab, positioniert. Sie hat ein Innenraumvolumen von 1,25 m^2, welches dem Volumen pro Insasse von typischen autonom betriebenen Personentransportern entspricht [125, 126]. Die ThermoCab kann über einen angeschlossenen Schlauch und einem Gebläse mit einem definierten Luftmassenstrom versorgt werden. Das Gebläse wird dabei mit Luft aus der Ausblasung der Temperierungseinheit der Prüfkammer versorgt. Im Inneren der ThermoCab wird die Zuluft durch einen Kanal geführt und auf zwei Ausströmer aufgeteilt. Um den Einfluss von beheizten Flächen oder ungleichmäßigen Wandtemperaturen zu berücksichtigen, ist eine Heizfolie mit einer Gesamtleistung von 190 W an der hinteren Innenwand angebracht. Der TCM ist in sitzender Position auf einem Stuhl in der Mitte der ThermoCab positioniert. Der Winkel der Operativtemperatursonde ist auf 30° eingestellt, um einen sitzenden Menschen zu repräsentieren. Der Messaufbau ist in **Abbildung 5.1** a) dargestellt.

Um zu Beginn eine homogene Temperaturverteilung sicherzustellen, geht jeder Messung eine Vorkonditionierung von mindestens einer Stunde voraus. Die Bekleidungsisolation wurde jeweils enstprechend den eingestellten Umgebungsbedingungen angepasst mit dem Ziel, ein *PMV* nahe der thermischen Neutralität zu erreichen. Die Stoffwechselrate wurde auf 1,1 met eingestellt, dies entspricht einer leichten sitzenden Tätigkeit. Die Randbedingungen der in der ThermoCab untersuchten Lastfälle sind in **Tabelle 5.1** aufgelistet. Sie wurden bei allen Messungen in realistischen Grenzen variiert, um Fälle, wie sie in einem Fahrzeug auftreten können, abzudecken. Der untersuchte Abkühl- und Aufheizfall erstreckt sich jeweils über eine Stunde. In Fall 3 wurde bei einem konstanten Luftmassenstrom nach 60 s Messdauer die Flächenheizung an der Rückwand aktiviert, um die Reaktion der Operativtemperatursonde auf den Sprung in der Strahlungstemperatur zu quantifizieren.

Tabelle 5.1: Randbedingungen der Validierungsfälle in der ThermoCab.

Nr.	Beschreibung	Messdauer in s	Massenstrom in kg min^{-1}	Temperatur in °C	Flächenheizung
1	Abkühlfall	3600	1,92	50–20	aus
2	Aufheizfall	3600	2,11	5–30	aus
3	Sprung FH	240	0,46	20	an*

*Die Flächenheizung ist ab t = 60 s an.

5.1.2 Simulationsaufbau

Der experimentelle Aufbau wurde in der Simulationsumgebung mit dem in Unterabschnitt 4.4.3 beschriebenen Prozess modelliert. **Abbildung 5.1** b) zeigt das Simulationsmodell des Messaufbaus. Der Emissionsgrad aller Oberflächen in der ThermoCab und der Klimakammer wurden mit dem in Unterabschnitt 4.4.2 beschriebenen Messgerät bestimmt und als Oberflächenrandbedingung im thermischen Simulationsmodell vorgegeben. Die gemessenen Werte können **Tabelle A.4** im Anhang entnommen werden.

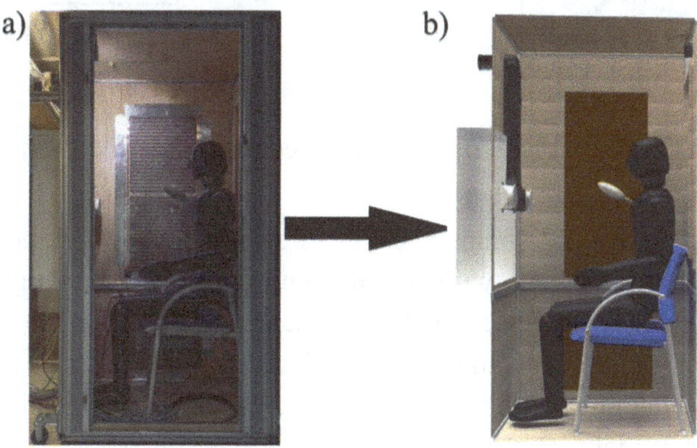

Abbildung 5.1: Vergleich des ThermoCabs zwischen: a) dem Messaufbau in der Klimakammer und b) dem Simulationsmodell.

Die gemessenen Wandtemperaturen des ThermoCabs wurden als Temperaturrandbedingungen in der Simulation verwendet. Darüber hinaus wurden auch die Messwerte Massenstrom, Temperatur und relative Luftfeuchtigkeit der Zuluft in das ThermoCab aus den Experimenten als Einlassrandbedingung verwendet. Die variable Auflösung (engl. Variable Resolution, VR) des Rechengitters im ThermoCab ist nach [111] gestaltet und in **Abbildung 5.2** dargestellt. Die Basiszellgröße beträgt 8 mm. In der Nähe des TCM sowie den Innenflächen ist das Gitter mit zwei Zellverfeinerungen mit einem Abstand von jeweils 64 und 32 mm zur Oberfläche und einer Zellgröße von 4 und 2 mm verfeinert. Die Zuluftauslässe mit ihren Lamellen sind durch zwei weitere Stufen mit einem Abstand von 8 und 4 mm zum Oberflächennetz und einer Zellgröße von 1 und 0,5 mm verfeinert. Die kleinste Zellgröße ergibt sich damit im Bereich der Lamellen der Ausströmer zu 0,5 mm.

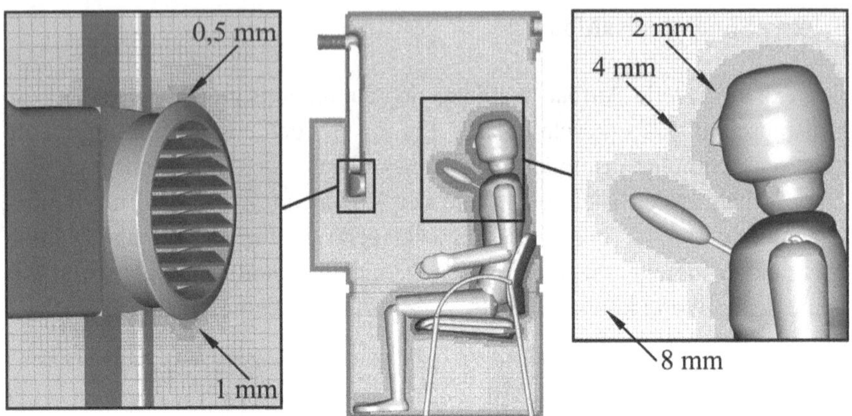

Abbildung 5.2: Variable Auflösung des Rechengitters in der ThermoCab.

Die untersuchten Validierungsfälle mit ihren transienten Temperaturverläufen über mehrere Minuten wurden, aufgrund der hierfür benötigten Rechenzeit, mit dem in Unterabschnitt 4.4.2 beschriebenen Ablauf bestehend aus einer Flow Development und Velocity Freeze Berechnung abgebildet. Für die Flow Development Berechnungen wurde hierbei eine Simulationsdauer von 10 s verwendet.

5.1.3 Vergleich der Validierungsfälle

Nachfolgend werden die Mess- und Simulationsergebnisse der in **Tabelle 5.1** enthaltenen Fälle verglichen. Zuerst werden jeweils die Strömungsgeschwindigkeiten des Experiments mit denen der Flow Development Simulation verglichen. Für den Velocity Freeze Teil einer Simualtion werden anschließend die Temperatur-, relative Luftfeuchtigkeits- und Komfortwertverläufe über der Zeit gezeigt. Zum Vergleich der Strömungsgeschwindigkeiten zwischen Experiment und Simulation werden Boxplots verwendet. Sie enthalten jeweils alle Strömungsgeschwindigkeitswerte einer Sonde in einem betrachteten Zeitintervall. Die Box repräsentiert dabei die inneren beiden Quartile der Zeitreihe. Der obere Rand der Box stellt das 75 %-Perzentil und der untere das 25 %-Perzentil dar. Die Linie in der Mitte der Einkerbung markiert den Median der Zeitreihe. Die Einkerbung zeigt dabei den 95 % Konfidenzintervall des Medians an. Durch die sogenannten Whisker ober- und unterhalb einer Box werden die Minimal- und die Maximalwerte der Zeitreihen dargestellt. Durch die Darstellung kann somit der Median, die Schwankungsbreite bzw. Verteilung sowie die Minima und Maxima einer Zeitreihe abgelesen werden.

In **Abbildung 5.3** sind die Strömungsgeschwindigkeiten aller acht Sonden des Abkühlfalls (Fall 1) von 50 auf 20 °C mit einem Einlassmassenstrom von 1,923 kg min^{-1} dargestellt. Die Darstellung enthält jeweils die Zeitreihen der ersten 10 s von Experiment und FD-Simulation. Es zeigen sich eine gute Übereinstimmung und vergleichbare Tendenzen der einzelnen Sonden. Die Schwankungsbreite der Werte liegt auf einem ähnlichen Niveau. Am Nacken und linken Abdomen weist die Simulation etwas höhere Werte auf. Die Wertebereiche überschneiden sich jedoch auch hier weitgehend. Auch die deutlich geringere Strömungsgeschwindigkeit an den beiden Unterschenkeln spiegelt sich in den Simulationsergebnissen wider.

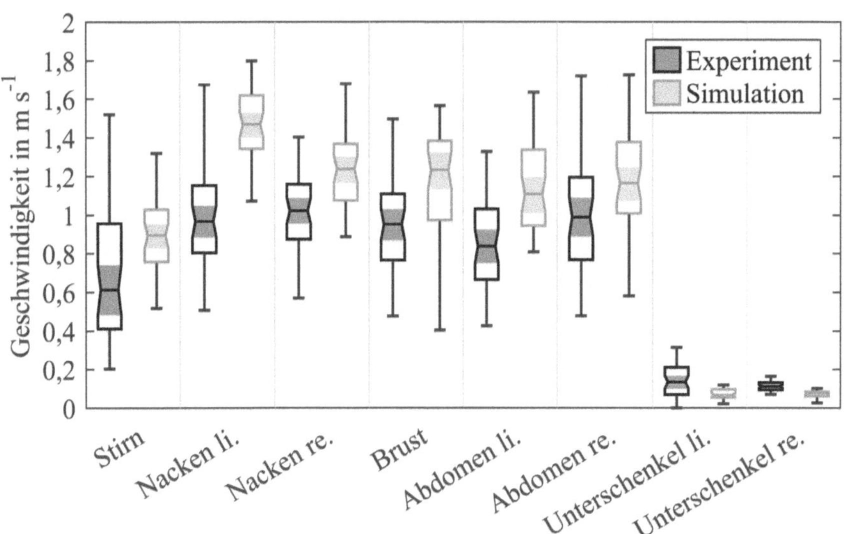

Abbildung 5.3: Vergleich der Strömungsgeschwindigkeiten über der Zeit von Fall 1 für die ersten 10 s Simulations- bzw. Messdauer, Abkühlfall von 50 auf 20 °C mit 1,92 kg min^{-1} Einlassmassenstrom.

Ein Vergleich der über alle 40 Messstellen gemittelten Lufttemperatur, der Operativtemperatur, der relativen Luftfeuchtigkeit und des PMV_g des Abkühlfalls (Fall 1) zwischen Experiment und Simulation ist in **Abbildung 5.4** dargestellt. Aufgrund der periodischen Kopplung zwischen dem CFD- und dem thermischen Solver sind für die Simulationswerte Punkte dargestellt. Der Abstand ist dabei vom Kopplungsintervall abhängig. Die Lufttemperaturen und Wärmeübergangskoeffizienten werden vom CFD-Solver kontinuierlich berechnet, während die Oberflächentemperaturen vom thermischen Solver bei jeder Kopplung neu berechnet und anschließend an den CFD-Solver übergeben werden. Hierbei sind die Oberflächentemperaturen dann bis zum nächsten Kopplungsschritt konstant.

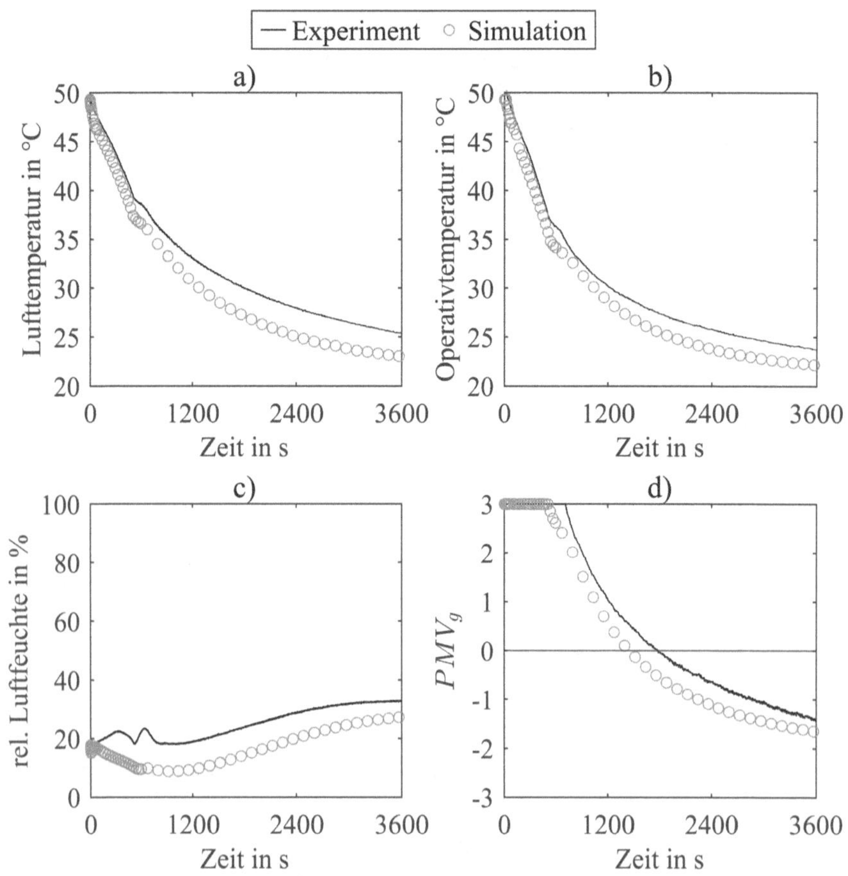

Abbildung 5.4: Vergleich des Abkühlfalls (Fall 1) von 50 auf 20 °C und 1,92 kg min^{-1} Einlassmassenstrom: a) mittlere Lufttemperaturen, b) Operativtemperatur, c) rel. Luftfeuchtigkeit und d) PMV_g für 0,57 clo und 1,1 met.

Die über alle Messstellen gemittelte Lufttemperatur fällt in der Simulation schneller ab als im Experiment. Es ergibt sich eine Quadratwurzel des mittleren quadratischen Fehlers (engl. Root Mean Squared Error, RMSE) von 2,5 °C zwischen den beiden Datensätzen. Die Operativtemperaturen weisen eine geringere Abweichung auf. Auch hier fällt die Operativtemperatur in der Simulation etwas stärker aus als im Experiment. Der RMSE zwischen den beiden Kurven beträgt 1,7 °C. Die relative Luftfeuchtigkeit liegt auf einem vergleichbaren Niveau und zeigt eine ähnliche Tendenz. Im Experiment ist eine leichte Schwingung durch Umschaltung zwischen Zu- und Umluft der Klimaprüfkammer vorhanden, die sich nur in abgeschwächter Form in der Simulation widerspiegelt. Es ergibt sich ein RMSE von 8,5 % zwischen den beiden Kurven. Durch die geringeren Temperaturen bei vergleichbaren Strömungsgeschwindigkeiten ergibt sich in der Simulation auch ein früherer und stärkerer Abfall des PMV_g als im Experiment, der RMSE zwischen den Datensätzen beträgt 0,37. Der Komfortberechnung liegt ein Bekleidungsfaktor von 0,57 clo und eine Stoffwechselrate von 1,1 met zugrunde. Im Experiment wird das neutrale thermische Empfinden ($PMV_g = 0$) nach 1762 s und in der Simulation nach 1471 s erreicht. Am Ende des Aufheizvorgangs (t = 3600 s) ergibt sich im Experiment ein Wert von −1,43 und in der Simulation von −1,65. Da sich der vorausgesagte Prozentsatz der Unzufriedenen (PPD) jeweils nach Gl. 3.4 direkt aus den gewonnenen PMV_g berechnet, wird dieser im Folgenden nicht verglichen.

Die Gegenüberstellung der Strömungsgeschwindigkeiten der ersten 10 s Messdauer und FD-Simulation des Aufheizfalls (Fall 2) ist in **Abbildung 5.5** dargestellt. Da es sich bei Fall 2 um einen Aufheizfall handelt, sind die Gitter der Einlässe in die ThermoCab im Vergleich zu Fall 1 und 3 um 90° nach unten gedreht. Durch die Einströmrichtung der warmen Luft nach unten soll einem vertikalen Temperaturgradienten, der sich durch die temperaturbedingten Dichteunterschiede ergibt, entgegengewirkt werden. Auch in Serienfahrzeugen wird in Winterlastfällen meist der Massenstrom an den unteren Ausströmern, wie z. B. im Fußraum, gegenüber den oberen erhöht. Durch die geänderte Einströmrichtung zeigt sich eine deutlich unterschiedliche Strömungsverteilung auf dem TCM im Vergleich zu Fall 1. Die Strömungsgeschwindigkeiten von Experiment und Simulation sind an allen Sondenpositionen vergleichbar. Am linken Abdomen liegen die Geschwindigkeiten in der Simulation etwas höher als im Experiment. Am linken Unterschenkel ist die Streuung der Werte im Experiment größer, der Median liegt jedoch auf einem ähnlichen Niveau.

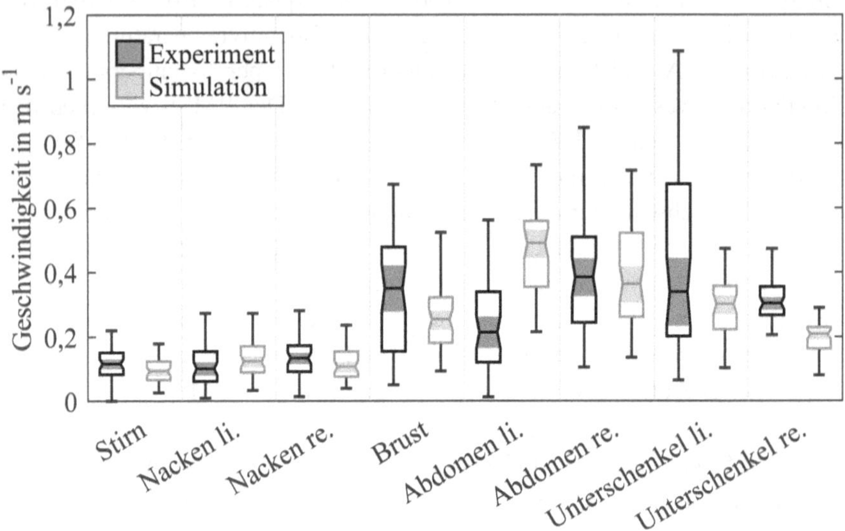

Abbildung 5.5: Vergleich der Strömungsgeschwindigkeiten von Fall 2 für 10 s Simulations- bzw. Messdauer, Aufheizfall von 5 auf 30 °C, 2,11 kg min^{-1} Einlassmassenstrom.

In **Abbildung 5.6** sind die mittlere Lufttemperatur aller Messstellen, die Operativtemperatur, die relative Luftfeuchtigkeit sowie das PMV_g des Aufheizfalls (Fall 2) dargestellt. Die Verläufe der mittleren Lufttemperatur zeigen eine gute Übereinstimmung, mit einem RMSE von 0,66 K. Die simulierte Operativtemperatur nimmt über der Zeit weniger stark zu als die im Experiment gemessene. Die Abweichung zwischen den beiden Kurven nimmt mit der Zeit leicht zu. Es ergibt sich ein RMSE von 1,6 K zwischen den beiden Datenreihen. Die relative Luftfeuchtigkeit steigt im ersten Drittel der Simulation an, dieser Anstieg ist in den Messdaten nicht vorhanden. Zum Ende der Zeitreihe nähern sich die beiden Kurven einander wieder an. Über die gesamte Zeitreihe ergibt sich ein RMSE von 20,87 %. Diese Abweichung ist auf die fehlende Modellierung von Verdunstung, Kondensation und Wasserdampfaufnahme von Materialien in der Simulation zurückzuführen. Es wird hier nur der Feuchtetransport durch die Luft berücksichtigt.

Trotz der vergleichsweisen hohen Abweichung in der Luftfeuchtigkeit weist der Zeitverlauf des gewichteten PMV_g eine gute Übereinstimmung mit einem RMSE von 0,12 auf. Im Experiment wird das neutrale thermische Empfinden ($PMV_g = 0$) nach 2917 s und in der Simulation nach 2829 s erreicht. Am Ende des Aufheizvorgangs (t = 3600 s) ergibt sich im Experiment ein Wert von 0,65 und in der Simulation von 0,67. Der Berechnung liegt ein Bekleidungsfaktor von 1 clo und eine Stoffwechselrate von 1,1 met zugrunde.

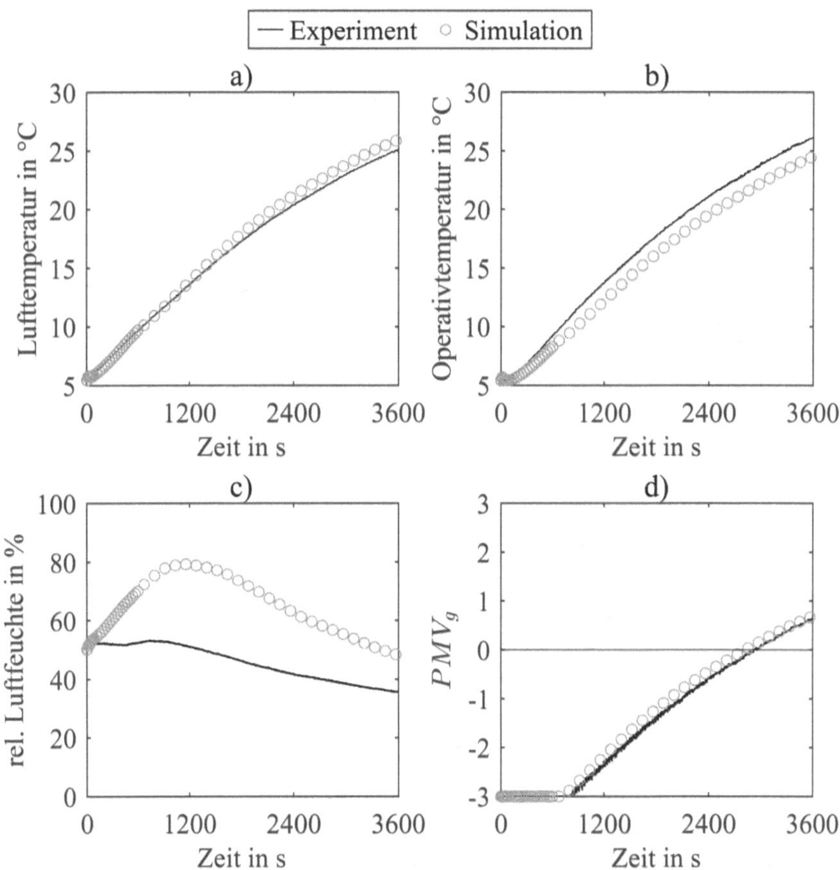

Abbildung 5.6: Vergleich des Aufheizfalls (Fall 2) von 5 auf 30 °C und 2,11 kg min^{-1} Einlassmassenstrom: a) mittlere Lufttemperaturen, b) Operativtemperatur, c) rel. Luftfeuchtigkeit und d) PMV_g für 1 clo und 1,1 met.

Der Vergleich der Strömungsgeschwindigkeiten des Experiments und der FD-Simulation von Fall 3 sind in **Abbildung 5.7** dargestellt. Es zeigt sich auch hier eine gute Übereinstimmung der Strömungsgeschwindigkeiten. Die Verteilung der Geschwindigkeiten ist vergleichbar. Auch die höhere Schwankungsbreite an der Brust und die deutlich geringeren Geschwindigkeiten an den beiden Unterschenkeln werden in der Simulation gut abgebildet. Lediglich am rechten Abdomen ergibt sich in der Simulation eine etwas höhere Abweichung zum Experiment.

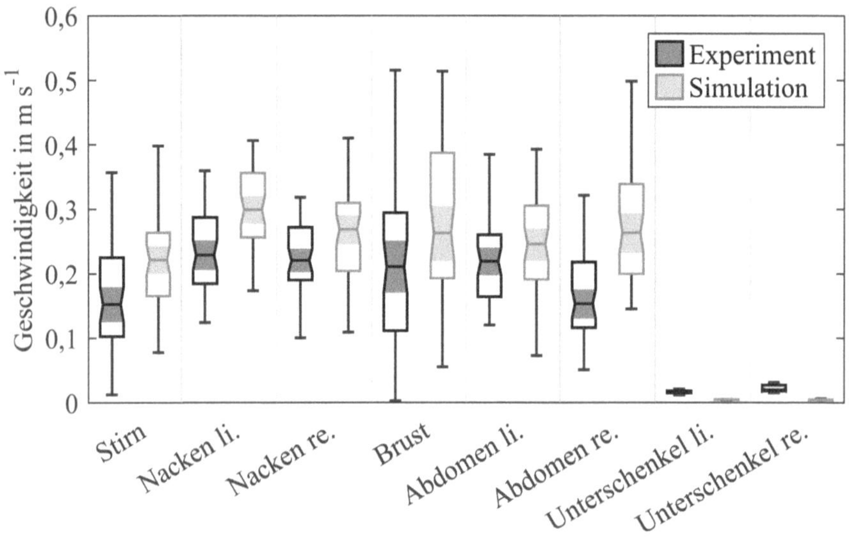

Abbildung 5.7: Vergleich der Strömungsgeschwindigkeiten von Fall 3 für 10 s Simulations- bzw. Messdauer, Einlasstemperatur von 20 °C und Einlassmassenstrom von 0,46 kg min^{-1}.

In **Abbildung 5.8** ist der zeitliche Verlauf der über die 40 Messstellen gemittelten Lufttemperatur, der Operativtemperatur, der relativen Luftfeuchtigkeit sowie des PMV_g von Fall 3 gegenübergestellt. Die mittlere Einlasstemperatur in Fall 3 beträgt über die gesamte Messdauer 20,2 °C ± 0,6 K. Die Flächenheizung an der rechten Innenwand der ThermoCab wird ab 60 s aktiviert und bleibt für den restlichen Versuch eingeschaltet. Die Innenwände sowie der TCM erwärmen sich durch die Strahlungsleistung der Flächenheizung. Folglich steigt die mittlere Lufttemperatur trotz der annähernd konstanten Einblastemperatur von anfänglich ca. 20,6 °C auf 22,3 °C.

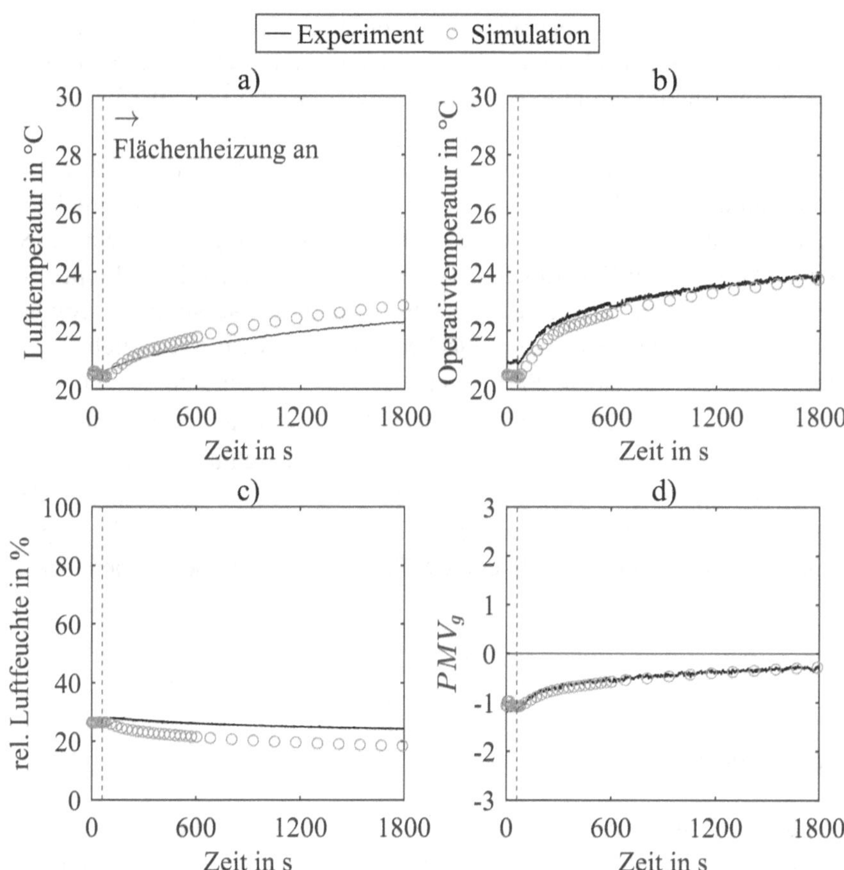

Abbildung 5.8: Vergleich von Fall 3 bei 20 °C, 0,46 kg min^{-1} Einlassmassenstrom und ab t = 60 s aktivierter Flächenheizung: a) mittlere Lufttemperaturen, b) Operativtemperatur, c) rel. Luftfeuchtigkeit und d) PMV_g für 0,74 clo und 1,1 met.

In der Simulation ist der Anstieg stärker ausgeprägt und die mittlere Lufttemperatur steigt hier auf ca. 22,9 °C, vgl. **Abbildung 5.8** a). Der RMSE der mittleren Lufttemperatur zwischen Experiment und Simulation berechnet sich zu 0,4 K. Die Operativtemperatursonde wird durch die Strahlungswärme direkt beeinflusst. Dadurch ist ein deutlicher Anstieg des Operativtemperatursignals nach Aktivierung der Flächenheizung zu erkennen. Sie steigt über den Verlauf des Experiments von anfänglich ca. 20,8 °C um 3 K auf ca.

23,8 °C. Die simulierte Operativtemperatur stimmt gut mit der gemessenen aus dem Experiment überein. Während der Flow Development Simulation über die ersten 10 s ergibt sich eine Operativtemperatur von 20,4 °C im Verlauf der Velocity Freeze Simulation steigt sie auf 23,8 °C an. Es ergibt sich ein RMSE von 0,3 K zwischen den Datenreihen. Die relative Luftfeuchte sinkt während des Versuchs leicht von ca. 28 auf 24 %. In der Simulation sinkt die Feuchte stärker, von ca. 25 auf 18 %, ab. Es ergibt sich ein RMSE von 4,9 % zwischen Experiment und Simulation. Das thermische Empfinden kann bei konstanten Einblastemperaturen und Massenströmen lediglich durch die Strahlungsleistung der Flächenheizung von einem anfänglich kühlen Empfinden mit einem PMV_g von $-1{,}2$ näher an die neutrale Zone mit einem PMV_g von $-0{,}26$ gebracht werden. Die Berechnung erfolgt mit einem Bekleidungsfaktor von 0,74 clo und einer Stoffwechselrate von 1,1 met. Ein neutrales Empfinden wird damit in diesem Versuch nicht erreicht. Der Verlauf des simulierten thermischen Empfindens stimmt gut mit dem Experiment überein, es ergibt sich ein RMSE von 0,05 zwischen den beiden Datenreihen.

5.1.4 Fazit

Die drei untersuchten Fälle weisen eine gute Vergleichbarkeit zwischen Experiment und Simulation auf. Die im Experiment gemessenen Strömungsgeschwindigkeiten und ihre transienten Schwankungen werden in der Simulationsumgebung gut abgebildet. Die Berechnung der Temperaturentwicklung durch den thermischen Solver zeigt in allen Fällen eine gute Übereinstimmung. Sowohl die Lufttemperatur als auch die Operativtemperatur sind vergleichbar. Die simulierte relative Luftfeuchtigkeit weist in den beiden Fällen mit hohen transienten Änderungraten größere Abweichungen auf. Das berechnete PMV_g zeigt jedoch auch in diesen Fällen eine gute Übereinstimmung mit den Messwerten aus dem Experiment. Dies ist auf den geringen Einfluss der Luftfeuchtigkeit auf die PMV-Berechnung im Vergleich zu den restlichen Eingangsparametern zurückzuführen [46]. Unter Berücksichtigung der Messabweichungen der verwendeten Sonden und den Thermoelementen aus **Tabelle 4.2** sind die Differenzen zwischen Experiment und Simulation zur Voraussage des Insassenkomforts hinreichend gering. Nachfolgend wird das Simulationsmodell und die drei gezeigten Validierungsfälle deshalb für einen Vergleich zwischen TCM und den in Kapitel 3 beschriebenen Komfortmodellen verwendet.

5.2 Vergleich des TCM mit anderen Komfortmodellen

Der vorgestellte Ansatz muss zur Einordnung der gewonnenen Komfortbewertung mit den bestehenden Ansätzen Dynamic Thermal Sensation [38], Äquivalenttemperaturmethode [127] sowie dem UC-Berkeley Komfortmodell [39] verglichen werden. Der Vergleich wird simulativ mit dem digitalen Zwilling des TCM durchgeführt. Zur Simulation der Vergleichskomfortmodelle wird die Human Thermal Modeling (HTM) Erweiterung in PowerTHERM verwendet. Ein Einfluss der Simulationssoftware auf die Ergebnisse soll durch die Verwendung von PowerFLOW und PowerTHERM für beide Fälle (TCM und HTM) vermieden werden. Mit Hilfe der HTM-Erweiterung kann auf ein Oberflächennetz eines Menschen oder Manikins ein thermophysiologisches Modell angewendet werden. Dazu muss das Netz zuvor in entsprechende Segmente bzw. Körperteile untergliedert werden. Es werden 21 Segmente vom Modell unterstützt, für welche jeweils die Äquivalenttemperatur oder das lokale thermische Empfinden nach Zhang berechnet wird. Die Erweiterung modelliert Kältezittern und Schwitzen sowie den Blutfluss und berechnet damit die Haut- und Kerntemperaturen des Körpers. Anhand dieser Temperaturen können dann z. B. die Komfortbewertungen mit dem UC-Berkeleymodell berechnet werden. Dabei werden die Körperschale sowie der Körperkern in mehreren Schichten diskretisiert. Das thermophysiologische Modell ist durch den Abgleich mit experimentellen Versuchen von Stolwijk und Hardy [128] sowie dem Modell von Fiala [38] validiert [77]. Die Modellierung des Feuchtetransports durch Bekleidungsschichten des HTM Modells wurde in [129] gegen Messdaten aus Probandenversuchen der National Aeronautics and Space Administration (NASA) validiert. Durch die im vorherigen Abschnitt gezeigte Validierung des TCM zwischen Experiment und Simulation sowie die Verwendung des validierten HTM-Modells sind die Ergebnisse der Vergleiche auch auf den realen TCM übertragbar. Nachfolgend wird zuerst der Modellaufbau beschrieben, danach werden die Ergebnisse verglichen und abschließend bewertet.

5.2.1 Modellaufbau

Das HTM-Modell kann auf ein beliebiges Oberflächennetz angewendet werden. Das Netz muss zuvor in entsprechende Segmente aufgegliedert werden. Für diesen Vergleich wird das Modell auf das Netz des TCM angewendet, so wird eine direkte Vergleichbarkeit der Ergebnisse ermöglicht und ein Einfluss durch unterschiedliche Geometrie der Menschmodelle ausgeschlossen. Das segmentierte Oberflächennetz des TCM zur Verwendung mit dem HTM ist in **Abbildung 5.9** dargestellt.

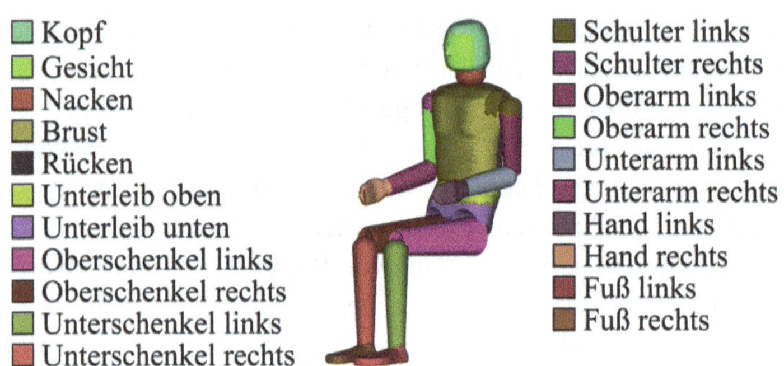

Abbildung 5.9: Segmentiertes Oberflächennetz des TCM zur Verwendung mit der HTM-Erweiterung.

Die Bekleidung wird durch Aufbringung einer oder mehrerer Schichten mit entsprechenden Materialeigenschaften abhänig vom jeweiligen Körperteil modelliert. Die hierzu verwendeten Isolationswerte stammen aus einer in PowerTHERM bzw. der HTM-Erweiterung enthaltenen Datenbank. Der Bekleidungsfaktor der TCM Berechnung wird jeweils so gewählt, dass sich ein nach ISO 7730 [21] vergleichbarer Isolationswert ergibt. Mit dem bekleideten Modell werden dann die Setpoint-Temperaturen für das Berkeley Komfortmodell bestimmt. Hierzu wird eine homogene Umgebungstemperatur variiert und das Modell iterativ gelöst, bis sich ein neutrales thermisches Empfinden mit einem *PMV* von 0 einstellt. Mit dieser Umgebungstemperatur werden dann die Setpoint-Temperaturen der Segmente berechnet.

Es werden die zuvor beschriebenen Fälle aus Abschnitt 5.1 in der ThermoCab zum Vergleich der Komfortmodelle herangezogen, siehe **Tabelle 5.1**. Zum Vergleich der Modelle bei transienten Temperaturwechseln wird der Abkühlfall (Fall 1) sowie der Aufheizfall (Fall 2) herangezogen. Um den

Einfluss von asymetrischer Strahlung auf die Vorhersageergebnisse der unterschiedlichen Modelle zu charakterisieren, wird Fall 3 mit der Sprungaktivierung der Flächenheizung nach 60 s verwendet. Dazu wird das Oberflächennetz des TCM in der ThermoCab-Simulation durch das segmentierte HTM-Modell aus **Abbildung 5.9** ersetzt. Das Oberflächennetz des restlichen Modellaufbaus sowie das Volumennetz mit den Netzverfeinerungsregionen bleiben zum Zwecke der Vergleichbarkeit unverändert. Die Simulationsergebnisse für das HTM-Modell müssen neu berechnet werden, da das Modell mit der Umgebung in der ThermoCab in Wechselwirkung steht. Im Vergleich zum passiven TCM kann das HTM-Modell je nach Temperatur und den daraus resultierenden thermophysiologischen Reaktionen auch Wärme oder Feuchtigkeit an die Umgebung abgeben. Dies beeinflusst entsprechend die Luft- und Oberflächentemperaturen sowie die relative Luftfeuchtigkeit des Simulationsmodells.

5.2.2 Ergebnisse

Um die Ergebnisse der verschiedenen Modelle vergleichen zu können, müssen die Bewertungsskalen vereinheitlicht werden. Die PMV und DTS-Modelle sind auf einem Wertebereich von −3 bis 3 definiert, während das UC-Berkeley (UCB) Komfortmodell im Bereich von −4 bis 4 definiert ist. Die Skalen der Modelle sind vergleichbar, da −3 und 3 auf beiden Skalen einem kalten bzw. heißem thermischem Empfinden entsprechen. Die Skala im Berkeleymodell ist dabei um die Empfindungen „sehr kalt“ und „sehr heiß“ erweitert, um auch extremere Umgebungsbedingungen, die in Fahrzeugen auftreten können abzudecken, siehe hierzu auch Abschnitt 3.2. Um eine direkte Vergleichbarkeit der Äquivalenttemperatur ϑ_{eq} mit den restlichen Modellen zu ermöglichen wird die Achse so skaliert, dass der Neutralpunkt nach Nilsson von 25,2 °C im Sommer und 22,9 °C im Winter mit einem neutralen thermischen Empfinden von 0 sowie die Einstufungen „zu warm“ sowie „zu kalt“ mit −2 bzw. 2 auf der Likert-Skala der anderen Modelle übereinstimmen.

Ein Vergleich der berechneten Komfortwerte der unterschiedlichen Modelle für Fall 3 ist in **Abbildung 5.10** dargestellt. Hier wird die Einblastemperatur konstant bei 20 °C gehalten und nach 60 s die Flächenheizung an der rechten Wand der ThermoCab aktiviert. Der Verlauf des vom TCM berechneten

PMV_g ist mit einer durchgezogenen Linie und die aus dem HTM berechneten Komfortwerte mit gestrichelten Linien dargestellt.

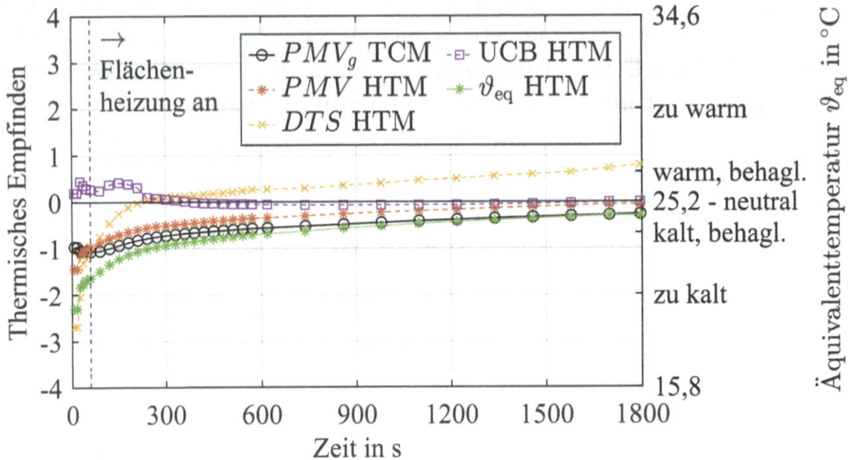

Abbildung 5.10: Vergleich der Komfortmodelle anhand von Fall 3 mit Aktivierung der Flächenheizung nach 60 s: vorausgesagtes thermisches Empfinden und Äquivalenttemperatur jeweils für den Gesamtkörper über der Zeit.

Zwischen dem PMV_g des TCM und dem vom HTM berechneten PMV ergeben sich aufgrund der thermophysiologischen Modellierung des HTM sowie der verschiedenen Berechnung unterschiedliche Verläufe. Das HTM gibt Wärme an die Umgebung ab, während das TCM ein passives Modell ohne Wärmeabgabe ist. Die mittlere Lufttemperatur in der ThermoCab beträgt zu Beginn in beiden Simulationen 20,6 °C. Im Falle des TCM steigt sie auf einen Endwert von 22,9 °C, während sie durch die Wärmeabgabe des HTM auf 25,2 °C steigt. Hierdurch ergeben sich bei den HTM-Simulationen entsprechend höhere Werte für das thermische Empfinden im wärmeren Bereich. Das PMV_g steigt nach dem Einschalten der Flächenheizung mit einer leichten Verzögerung von anfangs −1,2 auf −0,26 an. Der Anstieg ist näherungsweise proportional zur Wandtemperatur, die durch die Strahlungswärme der Flächenheizung ansteigt. Das PMV des HTM weist bereits vor Aktivierung der Flächenheizung einen Ansteig auf, der durch den Anstieg der Wandtemperatur nur leicht verstärkt wird. Insgesamt steigt das PMV von −1,4 auf 0. Auch die anderen Empfindungswerte des HTM weisen ein ähnliches Verhalten auf. Das thermische Empfinden des DTS-Modells weist den stärksten Anstieg von −2,7 bis 0,8 auf. Da das Modell die positive Temperaturänderungrate durch seine dynamischen Anteile berücksichtigt, fällt die Steigerung des vorausgesaten Empfindungswertes höher aus. Das thermische Empfinden des UCB-Modells zeigt als einziges einen abnehmenden Verlauf von 0,2 auf 0. Dies kann auf die Berechnung des Gesamtkörperempfindungswertes aus den Einzelwerten der Körperteile sowie den Einfluss der transienten Temperaturänderungsrate zurückgeführt werden. Für den Gesamtkörperwert wird die neuere Berechnungsvorschrift von Zhang et al. aus [42] verwendet, die auch in Unterabschnitt 3.2.4 beschrieben wurde. Die vor der Simulation bestimmten Setpoint-Temperaturen des UCB-Modells werden als Initialbedingungen verwendet und haben damit einen Einfluss auf die Temperaturänderungsrate sowie die vorausgesagten Empfindungswerte. Die Äquivalenttemperatur steigt durch die Aktivierung der Flächenheizung von 19,8 auf 24,5 °C und liegt somit über die gesamte Simulationsdauer im Bereich eines kalten bis leicht kühlen Empfindens. Die Bewertung der Äquivalenttemperatur stimmt nach aktivierung der Flächenheizung gut mit der des TCM überein. Zusammenfassend ergeben sich also vor allem am Versuchsbeginn Unterschiede in den Komfortbewertungen. Zu Versuchsende liegen alle Modelle in einem vergleichbaren Wertebereich.

In **Abbildung 5.11** ist der Vergleich zwischen den vorausgesagten thermischen Empfindungen der unterschiedlichen Modelle für den Abkühlfall (Fall 1) dargestellt. Alle Modelle weisen zu Beginn der Simulation den Maximalwert auf ihrer jeweiligen Skala auf. Die Äquivalenttemperatur beträgt hier 55,9 °C. Das PMV_g, das PMV und DTS beginnen nach 900 s zu fallen, wobei das PMV des HTM stärker als das PMV_g des TCM fällt. Zum Ende der Simulation werden Werte von −0,9 und −0,4 mit einem leicht kühlen Empfinden erreicht. Das DTS fällt nur leicht und verbleibt auch nach 3600 s bei einem Wert von 2,2 im warmen Bereich. Die mittlere Luft- und Wandtemperatur der ThermoCab beträgt zu Beginn der Simulation 50 °C. In warmen Umgebungen ist das berechnete Fehlersignal der mittleren Hauttemperatur und damit der berechnete DTS-Wert deutlich höher als in kalten Umgebungen, vgl. Gl. 3.10 und Gl. 3.13. In Anbetracht dieser hohen Starttemperaturen ist die simulierte Abkühlung nicht ausreichend dafür, dass die dynamischen Anteile im DTS-Modell diesen Effekt kompensieren und so eine merkliche Senkung des thermischen Empfindens herbeiführen. Das vorausgesagte Empfinden des UCB-Modells fällt bereits nach 300 s zuerst leicht und dann ab 900 s stärker. Durch die Bestimmung des Gesamtempfindens aus den Empfindungen der einzelnen Körperteile entstehen bei diesem Modell Wellen im Verlauf. Nach 3600 s liegen die Werte des UCB auf einem vergleichbaren Niveau wie der PMV_g des TCM. Die Äquivalenttemperatur beginnt ebenfalls ab 300 s zu fallen und erreicht einen Endwert von 22,2 °C im kühlen bis kalten Bereich.

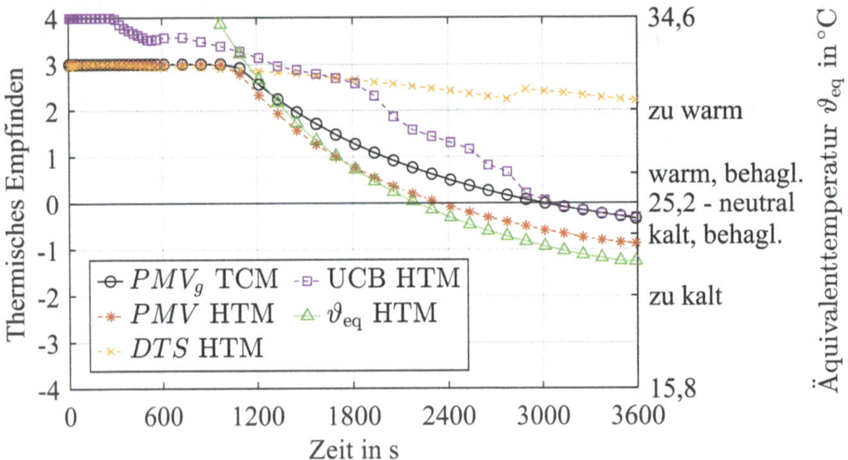

Abbildung 5.11: Vergleich der Komfortmodelle anhand des Abkühlfalls (Fall 1): vorausgesagtes thermisches Empfinden und Äquivalenttemperatur jeweils für den Gesamtkörper über der Zeit.

Ein Vergleich des vorausgesagten thermischen Empfindens sowie der Äquivalenttemperatur über der Zeit der unterschiedlichen Modelle für den Aufheizfall (Fall 2) ist in **Abbildung 5.12** dargestellt. Die beiden PMV-Modelle starten zu Beginn der Simulation bei ihrem Minimalwert von −3. Das DTS-Modell beginnt mit −2,7 bei einem etwas wärmeren Empfinden. Die Werte des UCB-Modells springen zu Beginn zwischen Werten von −1,5 und −3,3 bis sie dann nach 300 s einen Wert von −4 erreichen. Die Äquivalenttemperatur liegt zu Beginn bei 4,5 °C. Das PMV_g beginnt nach 1000 s zu steigen, während das PMV des HTM erst nach 1500 s steigt. Am Ende des Aufheizzyklus laufen die beiden Werte wieder näher zusammen und enden mit 0,5 bzw. 0,3 bei einem neutralen bis leicht warmen Empfinden. Der Verlauf des DTS-Modells weist zwischen 500 und 800 s ein Plateau bei −2 auf und beginnt dann wieder zu steigen. Es wird ein Wert von 1,1 nach 3600 s erreicht. Die Aufheizung der ThermoCab führt im Falle des DTS-Modells also zu einem deutlich stärkeren Anstieg im vorausgesagten thermischen Empfinden. Auch dieser Effekt kann auf die mathematische Formulierung des Modells zurückgeführt werden.

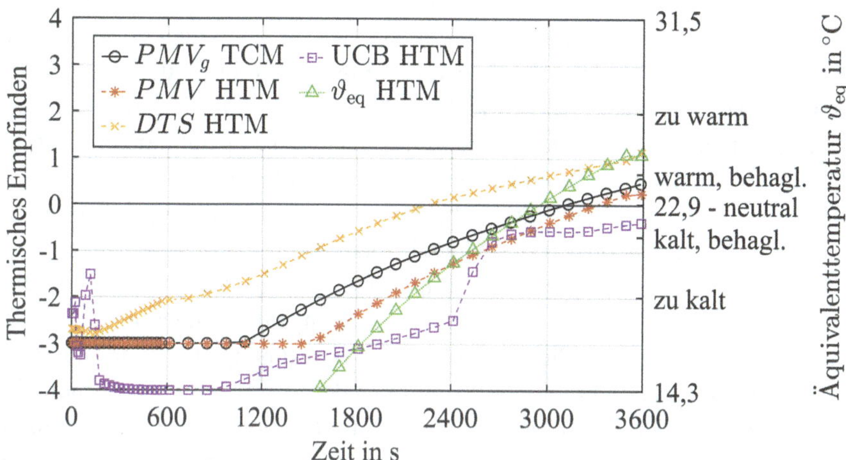

Abbildung 5.12: Vergleich der Komfortmodelle anhand des Aufheizfalls (Fall 2): vorausgesagtes thermisches Empfinden und Äquivalenttemperatur jeweils für den Gesamtkörper über der Zeit.

Das vorausgesagte Empfinden des UCB beginnt nach 900 s zu steigen und es wird ein Endwert von −0,4 erreicht. Sowohl zu Beginn der Simulation als auch bei 2500 s ist ein Sprung im Verlauf zu erkennen. Dieser ist auf die Bestimmung des Gesamtempfindens aus den Empfindungswerten der einzelnen Körperteile im UCB-Modell zurückzuführen. Die Berechnung besteht aus sieben diskontinuierlichen Einzelmodellen. Nach 2500 s übersteigt die Zahl der im positiven bzw. warmen Bereich befindlichen Körperteile die der im negativen und es kommt dadurch ein anderes Regressionsmodell zur Anwendung. Die nachträglich von Zhang et al. eingeführte Glättung dieser Sprünge durch eine Sigmoidfunktion aus [43] ist in der HTM-Erweiterung innerhalb von PowerTHERM nicht umgesetzt worden [77]. Die Äquivalenttemperatur steigt nach 500 s an und erreicht nach 3600 s einen Endwert von 25,1 °C und liegt damit leicht über einem warmen jedoch behaglichen Empfinden.

5.2.3 Fazit

In den untersuchten Fällen zeigen sich generell vergleichbare Verläufe in den Empfindungswerten. Es sind jedoch vor allem bei transienten Temperaturverläufen Unterschiede zwischen den Modellen erkennbar. Teilweise sind diese Unterschiede auf den Wärmeeintrag durch das HTM, der beim passiven TCM nicht vorhanden ist, sowie die Berücksichtigung dynamischer Komponenten in der Berechnung des jeweiligen Komfortmodells zurückzuführen. Das DTS und UCB-Modell berücksichtigen im Vergleich zu den anderen untersuchten Modellen die zeitabhängige Temperaturänderungsrate bei der Berechnung des Komfortwerts. Dadurch ergeben sich in den gezeigten transienten Versuchen deutliche Unterschiede in den vorausgesagten Empfindungswerten. Das DTS-Modell zeigt die höchste Abweichung im Vergleich zu den vorausgesagten Empfindungen der anderen Modelle. Die Ergebnisse des UCB-Modells weist teils sprunghafte Änderungen in der Komfortbewertung auf, diese sind auf die Berechnung des Empfindungswerts für den Gesamtkörper in Abhängigkeit der Einzelwerte der Körperteile zurückzuführen. Da der TCM hauptsächlich für die Vorhersage des Komforts nahe der thermischen Neutralität konzipiert wurde, ist die Berücksichtigung der Temperaturänderungsrate nicht erforderlich. Die Vorhersagen des TCM sollten folglich mit den PMV-Werten des HTM verglichen werden. Bei Letzterem werden die Eingangsparameter für PMV-Modell aus dem thermopysiologischen Menschmodell gewonnen. Es zeigt sich hier in allen drei betrachteten Fällen eine gute Vergleichbarkeit zwischen den Voraussagen des TCM und HTM.

Beim Äquivalenttemperaturmodell stellt sich vor allem die Interpretation des berechneten Temperaturwertes als Herausforderung dar. Es sind hier lediglich Komfortbänder für festgelegte Bekleidungsfaktoren und Stoffwechselraten verfügbar, die eine direkte Aussage zum thermischen Empfinden erschweren. Eine genauere Einordnung der Ergebnisse könnte nur durch Vergleichsexperimente mit menschlichen Probanden ermöglicht werden.

Der vorgestellte passive Modellansatz des TCM zeigt eine gute Übereinstimmung mit der PMV-Bewertung aus dem thermopysiologischen HTM-Modell. Der Ansatz ermöglicht damit eine Voraussage des thermischen Empfindens in Echtzeit. Eine Kopplung mit einem thermopysiologischen Menschmodell ist dabei nicht nötig. Dies bietet eine Zeitersparnis bei Versuchen mit Realfahrzeugen. Vorallem bei Messreihen in Klimawindkanälen kann dies Kostenvorteile bringen. Konfigurationsänderungen können schnell bewertet werden und die direkte Rückmeldung des Modells kann die weiteren Schritte bereits während der Messreihe beeinflussen. Auch bei der simulativen Komfortbewertung ergeben sich Vorteile durch den TCM-Ansatz. Die Eingangsdaten für die Komfortbewertung des Modells können mit einem beliebigen CFD-Solver mit Wärmeübertragungsmodellierung generiert werden. Es kann somit auf die Lösung eines komplexen thermophysiologischen Menschmodells verzichtet werden. Dies bringt Zeitersparnisse beim Modellaufbau, verkürzt die Rechenzeit des Simulationsmodells und erhöht die Zahl der geeigneten CFD-Solver.

6 Anwendungsbeispiele

In diesem Kapitel werden drei Anwendungsbeispiele für den TCM anhand von Simulationen und Messungen in Fahrzeugen gezeigt. Zuerst wird die Leistung der HLK-Anlage eines autonomen Peoplemovers aus dem Forschungsprojekt UNICARagil simulativ bewertet. Dazu wird ein Aufheizfall mit dem digitalen Zwilling des TCM simuliert. Außerdem wird der Einfluss von unterschiedlichen Klimatisierungseinstellungen auf den Gesamtkomfort unter stationären Randbedingungen in einem aktuellen BEV messtechnisch untersucht. Zuletzt wird der Einfluss von aerodynamischen Maßnahmen auf die Zugfreihaltung in einer offenen Fahrzeugkabine bewertet. Hierzu werden Messungen mit einem Cabriolet in einem Windkanal durchgeführt.

6.1 Digitale Komfortbewertung des UNICARagil

Die Auslegung der HLK-Anlage muss bereits in der frühen Entwicklungsphase eines Fahrzeugs erfolgen. Alle Komponenten müssen entsprechend der erforderlichen Heiz- und Kühlleistung dimensioniert und innerhalb des vorhandenen Bauraums im Package integriert werden. Vor allem die Integration der Auslassdüsen zur Belüftung der Kabine in das Interieurkonzept erfordert eine enge Abstimmung mit der Designabteilung. In dieser Phase ist noch kein physisches Modell des Fahrzeugs oder des Innenraums vorhanden und die Auslegung wird rein virtuell durchgeführt. Das Belüftungskonzept sowie die Anzahl, Gestaltung und Positionierung der Ausströmer haben einen maßgeblichen Einfluss auf den thermischen Insassenkomfort. Es ist also eine virtuelle Entwicklungsmethode erforderlich, mit deren Hilfe die Auswirkungen unterschiedlicher HLK-Auslegungen auf den Insassenkomfort vorausgesagt werden kann. Nachfolgend wird dies am Beispiel einer virtuellen Komfortuntersuchung des autoSHUTTLE aus dem Forschungsprojekt UNICARagil [126] mit dem TCM gezeigt. Von den vier entwickelten Fahrzeugen stellt das autoSHUTTLE den für die Auslegung der HLK-Anlage kritischsten Fall dar [130]. Die Fahrzeugvariante hat das größte Innenraumvolumen, die größten Fensterflächen und die meisten Sitz- bzw. Stehplätze.

D. Gehringer, *Objektive Bewertung des thermischen Innenraumkomforts in Simulation und Experiment*, Wissenschaftliche Reihe Fahrzeugtechnik Universität Stuttgart, https://doi.org/10.1007/978-3-658-51618-5_6

6.1.1 Modellaufbau

Das Kabinenmodell mit der Luftführung für die Innenraumklimatisierung sowie dem TCM ist in **Abbildung 6.1** dargestellt. Zur Rechenzeiteinsparung sind nur jene Bauteile im Modell enthalten, die in direktem Kontakt mit der Innenraumströmung stehen. Die Einlassrandbedingung befindet sich an der Eintrittsfläche des HLK-Moduls, in grün dargestellt. Über die modellierten Kanäle wird der Luftstrom auf insgesamt fünf Ausströmer im Interieur verteilt: zwei am Dachhimmel, zwei im mittleren Bereich vorne sowie einer an der Frontscheibe. Die Abluftauslässe befinden sich jeweils vorne und hinten in Bodennähe, in blau dargestellt. Das Fahrzeug verfügt über sechs Sitzplätze, wobei drei im hinteren Teil in Fahrtrichtung, zwei seitlich links quer zur Fahrtrichtung und einer rechts entgegen der Fahrtrichtung angeordnet sind. In den folgenden Untersuchungen wird der TCM auf dem mittleren der drei hinteren Sitzplätze positioniert.

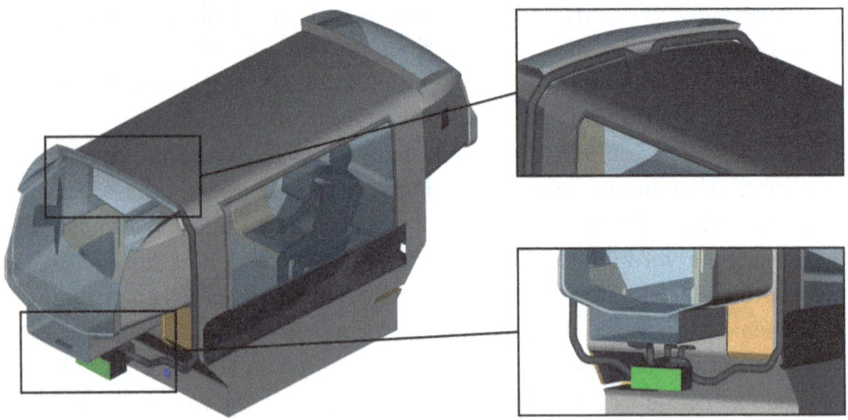

Abbildung 6.1: Kabinenmodell des autoSHUTTLE mit positioniertem TCM und Luftführung der Innenraumklimatisierung, grün: Einlass am HLK-Modul, blau: Abluftauslässe.

Die Randbedingungen zur Simulation des Lastfalls werden aus den Prüfbedingungen nach DIN 1946-3 [11] abgeleitet. Für Aufheizversuche wird hier eine Umgebungstemperatur von −20 °C ± 1 K vorausgesetzt. Die Temperatur des Fahrzeuginnenraums muss zu Beginn des Versuchs der Umgebungstemperatur, mit einer maximal zulässigen Abweichung von ± 1 K, entsprechen. Die HLK-Anlage soll entweder im Automatikmodus betrieben oder alternativ entsprechend den Angaben der Betriebsanleitung des Fahrzeugs eingestellt werden. Als Bewertungsmaß wird die Zeit bis zum Erreichen eines neutralen Empfindens, also $PMV = 0$, verwendet. Außerdem soll nach 30 Minuten eine mittlere Lufttemperatur im Innenraum von mindestens 20 °C für normale und 15 °C für besonders verbrauchsarme Fahrzeuge erreicht werden. Zur Abbildung dieses Lastfalls wird eine Flow Development Simulation über 10 Sekunden bei der Starttemperatur von −20 °C mit einer anschließenden Velocity Freeze Simulation über eine Dauer von 30 Minuten verwendet.

6.1.2 Ergebnisse

Für den Basisfall wird am Einlass des HLK-Moduls ein konstanter Luftmassenstrom von 11,8 kg min^{-1} mit einer Temperatur von 60 °C vorgegeben. Dies stellt den maximal vom verwendeten Innenraumgebläse bzw. HLK-Moduls bereitstellbaren Luftmassenstrom dar. Vereinfachend wird an dieser Stelle die Aufheizphase des Heizelements vernachlässigt. Je nach verwendeter Wärmequelle kann sich diese Aufheizphase über wenige Sekunden, im Falle eines elektrischen Positive Temperature Coefficient (PTC) Luftheizers, bis hin zu mehreren Minuten im Falle eines kühlmitteldurchströmten Wärmetauschers erstrecken [8]. Um den thermischen Insassenkomfort bei Aufheizfällen schneller zu erhöhen, können zusätzlich zur Luftheizung auch beheizte Innenraumflächen eingesetzt werden. Nachfolgend werden in einem zweiten Vergleichsfall Heizflächen im thermischen Simulationsmodell des autoSHUTTLE in der Nähe des TCM integriert. Die Flächenheizungen bringen eine zusätzliche Wärme von 1500 W in die Fahrzeugkabine ein. Der Einlassmassenstrom bleibt hierbei unverändert, um weiterhin eine vergleichbare Verteilung des Luftstroms in der Kabine zu gewährleisten und damit den Einfluss der Flächenheizung herauszustellen.

In **Abbildung 6.2** ist a) die zeitliche Veränderung der mittleren Lufttemperatur $\bar{\vartheta}_a$ und Operativtemperatur ϑ_O sowie b) des PMV_g der zwei simulierten Fälle dargestellt. Die mittlere Lufttemperatur erreicht in beiden Fällen die Zieltemperatur von 20 °C. Die Lufttemperatur liegt in beiden Fällen während der gesamten Simulation über der Operativtemperatur. Dies liegt an dem trägeren Aufheizverhalten der Oberflächen und thermischen Massen in der Fahrzeugkabine im Vergleich zum Luftvolumen. Der Luftstrom aus der

HLK-Anlage erwärmt zuerst das Luftvolumen der Fahrzeugkabine und die Oberflächen erwärmen sich erst verzögert durch diese eingebrachte Luft. Vom Insassen werden jedoch sowohl die Lufttemperaturen als auch die Oberflächentemperaturen wahrgenommen. Deshalb empfiehlt sich hier die Betrachtung der Operativtemperatur, sie berücksichtigt die Wirkung beider Temperaturen auf den Menschen. Die Zieltemperatur von 20 °C wird für die Operativtemperatur im Basisfall nicht erreicht. Außerdem wird innerhalb der simulierten 30 Minuten kein thermisch neutrales Empfinden erreicht. Durch die Integration der Flächenheizung wird dies nach 1476 s erreicht.

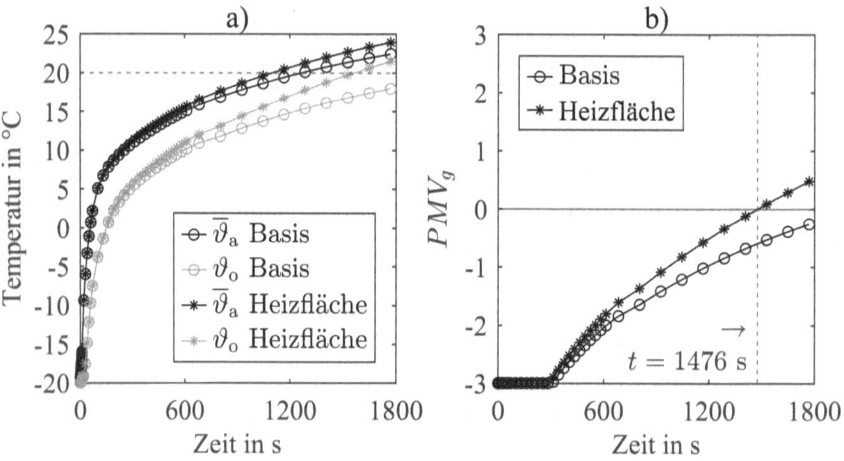

Abbildung 6.2: Zeitliche Entwicklung von: a) mittlerer Lufttemperatur und Operativtemperatur sowie b) PMV_g mit 1,1 met und 1,0 clo.

Die Ergebnisse zeigen, dass beim Erreichen einer Lufttemperatur von 20 °C sich noch kein thermisch neutrales Empfinden einstellt. Die Operativtemperatur stellt hier einen besseren Indikator dar, wobei auch sie den Einfluss der relativen Luftfeuchtigkeit, der Luftgeschwindigkeit, des Aktivitätsgrad und der Bekleidung nicht berücksichtigt. Dies wird erst durch die Betrachtung des PMV_g berücksichtigt.

In **Abbildung 6.3** sind die Sondenwerte bei Erreichen eines thermisch neutralem Empfindens nach 1476 s dargestellt. Im linken Teil a) sind die Strömungsgeschwindigkeiten der 10 s Flow Development Simulation dargestellt. Da die Ausströmer des autoSHUTTLE in diesem Aufheizfall nach unten geneigt sind, zeigen sich am Torso und Unterleib deutlich höhere Geschwindigkeiten im Vergleich zum Kopf bzw. Nacken. Im rechten Teil b) sind die lokalen Lufttemperaturen $\vartheta_{a,l}$, Turbulenzgrade Tu und die daraus berechneten Zugluftraten DR dargestellt.

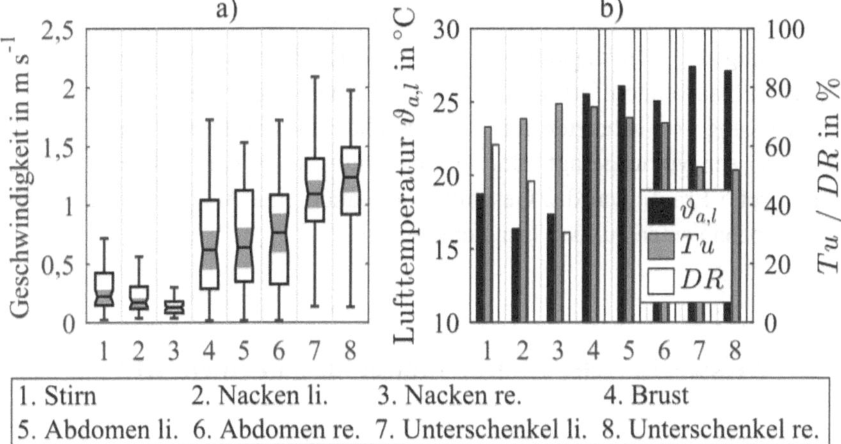

Abbildung 6.3: Sondenwerte bei Erreichen eines thermisch neutralen Empfindens nach 1476 s: a) Strömungsgeschwindigkeiten sowie b) lokale Lufttemperatur $\vartheta_{a,l}$, Turbulenzgrad Tu und Zugluftrate DR.

Es zeigt sich aufgrund der Einströmrichtung nach unten ein deutlicher vertikaler Temperaturgradient, mit einer um 8,3 K geringeren Temperatur am Kopf. Der Turbulenzgrad liegt an allen Sonden auf einem ähnlichen Niveau, wobei die Unterschenkel einen etwas geringeren Wert aufweisen. Dies lässt sich auch an den schmäleren 50 Perzentil der beiden Sonden in **Abbildung 6.3** a) erkennen. Die Zugluftraten betragen am Torso und Unterkörper aufgrund der hohen Strömungsgeschwindigkeiten jeweils 100 %. An Stirn und Nacken sind die Geschwindigkeiten zwar geringer, jedoch ergeben sich aufgrund der niedrigeren lokalen Lufttemperaturen hier Zugluftraten im Bereich von 30 bis 60 %. Es sollte nun also nach Erreichen eines thermisch neutralen Empfindens der Zuluftmassenstrom und damit die Einströmgeschwindigkeiten reduziert werden, um ein lokalen Diskomfort durch Zugluft zu vermeiden.

6.1.3 Bewertung

Die beiden gezeigten Simulationen demonstrieren den Einsatz des digitalen Zwillings des TCM in der frühen Entwicklungsphase am Beispiel eines Aufheizversuchs. Durch die Methode können unterschiedliche Strategien zur Beheizung der Fahrzeugkabine hinsichtlich ihrer Auswirkung auf den thermischen Insassenkomfort bewertet werden. Im gezeigten Beispiel wird die Auswirkung von beheizten Innenraumflächen auf den thermischen Komfort der Insassen vorausgesagt. Der TCM erlaubt neben der Aussage über das thermische Empfinden des Gesamtkörpers auch eine Analyse der einzelnen Wirkmechanismen auf den Insassenkomfort.

6.2 Messtechnische Komfortbewertung in einem BEV

In BEVs ist der Betrieb der HLK-Anlage weitestgehend unabhänig vom Betriebszustand des Fahrzeugs, da beispielsweise der Klimakompressor von einem eigenen Elektromotor, der aus der Hochvoltbatterie gespeist wird, angetrieben wird. Während in verbrennungsmotorischen Pkw mit riemengetriebenem Klimakompressor der Motor zum Betrieb der Klimaanlage laufen muss, kann diese in BEVs bereits vor dem Einsteigen per Mobilfunk aktiviert werden. Dies bringt durch die verkürzte Ansprechzeit und die dadurch schneller erreichte Zieltemperatur einen Komfortgewinn für den Fahrzeugnutzer. Außerdem halten sich Nutzer potenziell während Schnellladevorgängen im Fahrzeug auf. Auch hier muss das HLK-System während des Fahrzeugstillstands betrieben werden. Dies führt zu neuen Herausforderungen bei der Auslegung der HLK-Anlage, die es erfordert mehrere Komfortbereiche und ihre Wechselwirkung aufeinander gemeinsam zu betrachten. Im Stillstand werden Betriebsgeräusche der HLK-Anlage durch die Insassen aufgrund des fehlenden Fahrgeräuschs stärker wahrgenommen. Es ergibt sich somit sowohl ein Einfluss auf den akustischen als auch den thermischen Komfort. Im Folgenden werden hierzu beispielhaft messtechnische Untersuchungen in einem BEV gezeigt.

6.2.1 Messaufbau

Die Messungen wurden in einem Schallmessraum durchgeführt. Die Klimatisierungsanlage des Messfahrzeugs wurde dabei im Stillstand betrieben. In der ersten Messreihe wurde die Luftverteilung zwischen den einzelnen Auslässen im Innenraum variiert. Außerdem wurde das Innenraumgebläse auf verschiedenen Drehzalen in der Automatikeinstellung betrieben. Alle Messungen wurden bei einer konstanten Prüfraumtemperatur von 23 °C ohne den Einfluss von Solarstrahlung durchgeführt. In **Abbildung 6.4** ist der TCM auf dem Fahrersitz des untersuchten BEVs dargestellt. Auf dem Beifahrersitz befindet sich ein akustischer Kunstkopf zur Messung des Geräuschpegels. Nachfolgend wird nur auf die Ergebnisse des TCM zum thermischen Komfort eingegangen. Für Ergebnisse weiterer Konfigurationen und der Akustikmessungen wird an dieser Stelle auf Heimsath et al. [12] verwiesen.

Abbildung 6.4: TCM auf dem Fahrersitz und akustischer Kunstkopf auf dem Beifahrersitz des untersuchten Fahrzeugs.

Die untersuchten Fälle und deren jeweilige Einstellung am Klimabedienteil sind in **Tabelle 6.1** zusammengefasst. Die Messdauer beträgt jeweils 180 s, dies ist ausreichend lang, um eine Berechnung der Zugluftrate zu ermöglichen, ohne dass große Temperaturänderungen durch die Regelung der HLK-Analge entstehen. Bei Fall 1 handelt es sich um eine Nullmessung mit deaktivierter HLK-Anlage, diese wurde zu Beginn durchgeführt. In Fall 2 wurde die Automatikeinstellung mit einer Zieltemperatur von 20 °C verwendet. Bei Fall 3 bis 5 wurde die Gebläsestufe 2 sowie eine Einströmtemperatur von

20 °C gewählt, es wurden dann drei verschiedene Luftverteilungen zu den unterschiedlichen Ausströmdüsen ausgewählt.

Tabelle 6.1: Untersuchte Fälle und deren jeweilige Einstellungen am Klimabedienteil.

Nr.	Modus	Luftverteilung	Gebläsestufe	Temperatur in °C
1	Aus	–	–	–
2	Auto	–	Auto	20
3	Manuell	Armaturenbrett	2	20
4	Manuell	Defrost	2	20
5	Manuell	Fußraum	2	20

6.2.2 Ergebnisse

Die über alle Messstellen gemittelte Lufttemperatur und die zugehörige Standardabweichung sowie die gemessene Operativtemperatur und relative Luftfeuchtigkeit der untersuchten Fälle sind in **Tabelle 6.2** zusammengestellt. Die mittlere Lufttemperatur sinkt durch die Aktivierung der HLK-Anlage um ca. 1 K und ist dann für alle untersuchten Klimaeinstellungen auf einem vergleichbaren Niveau. Die Standardabweichung über alle Temperaturmessstellen beträgt in allen Fällen unter 0,4 °C. Es kann also von einer homogenen Lufttemperaturverteilung am Fahrersitz ausgegangen werden. Folglich werden die einzelnen Messwerte der Temperatursonden an dieser Stelle nicht im Detail gezeigt. Die Operativtemperatur sinkt durch das Einschalten der Klimatisierung um ca. 2 K. Die relative Luftfeuchte beträgt bei der Nullmessung 57 %. Bei den nachfolgenden Messungen fällt diese durch die Entfeuchtungswirkung der Klimaanlage leicht auf Werte im Bereich von 52 bis 54 %.

Das PMV_g der untersuchten Fälle für einen Bekleidungsfaktor von 0,61 clo und eine Stoffwechselrate von 1,5 met, sowie der daraus berechnete vorausgesagte Prozentsatz an Unzufriedenen ist in **Abbildung 6.5** dargestellt. Es sind jeweils die Mittelwerte über die gesamte Messdauer von 180 s gezeigt.

Tabelle 6.2: Mittlere Lufttemperatur $\bar{\vartheta}_a$ und Standardabweichung $SD_{\bar{\vartheta}_a}$ über alle Messstellen sowie Operativtemperatur ϑ_o und rel. Luftfeuchte φ der untersuchten Fälle.

Nr.	Bezeichnung	$\bar{\vartheta}_a$ in °C	$SD_{\bar{\vartheta}_a}$ in °C	ϑ_o in °C	φ in %
1	Aus	22,7	0,2	23,1	57,0
2	Auto 20	21,6	0,4	20,9	53,8
3	Armaturenbrett	21,6	0,3	21,2	52,6
4	Defrost	21,8	0,2	21,3	52,0
5	Fußraum	21,6	0,3	21,2	53,4

Ohne HLK-Anlage ergibt sich ein PMV_g von 0,32. Dieser kann durch die Klimatisierungseinstellung von Auto 20 auf −0,41 gesenkt werden. Durch die Änderung der Luftverteilung auf das Armaturenbrett sinkt der Wert noch leicht, bleibt aber im Vergleich zu Auto 20 auf einem ähnlichen Niveau. Durch die Nutzung der Defrost-Düsen wird der neutralste Wert von −0,09 erreicht und für die Verteilung auf den Fußraum ergibt sich ein Wert von −0,15.

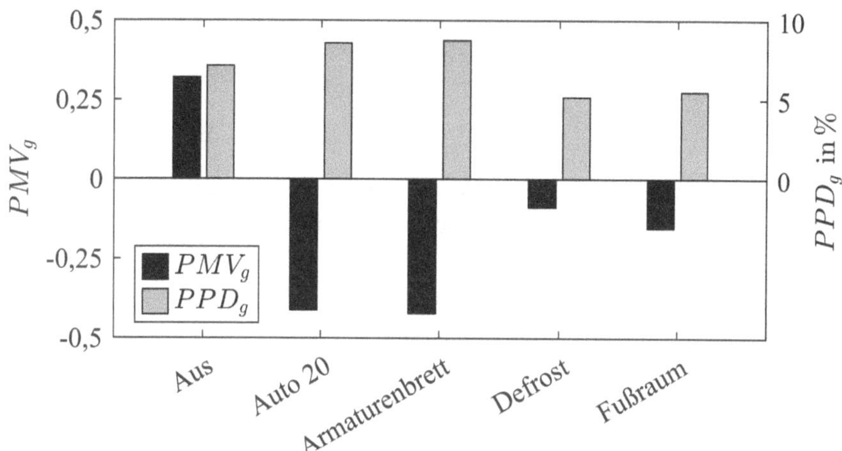

Abbildung 6.5: Gewichtetes vorausgesagtes mittleres Votum PMV_g und vorausgesagter Prozentsatz an Unzufriedenen PPD_g der untersuchten Fälle für 0,61 clo und 1,5 met.

Alle fünf Fälle weisen einen Komfortwert nahe der thermischen Neutralität auf. Nach DIN 1946-3 [11] muss eine Klimaanlage zugluftfrei eingestellt werden können. Um die Auswirkung der Luftströmung auf einzelne Körperteile vergleichen zu können, wird die Zugluftrate verwendet. Die Strömungsgeschwindigkeiten und Lufttemperaturen liegen für alle untersuchten Fälle in einem Bereich, in dem die Zugluftrate nach ISO 7730 angewendet werden kann. Die aus den gemessenen lokalen Strömungsgeschwindigkeiten und Lufttemperaturen nach Gl. 3.4 über die Messdauer von 180 s berechneten Zugluftraten sind in **Abbildung 6.6** dargestellt. Es sind deutliche Unterschiede zwischen den untersuchten Fällen zu erkennen.

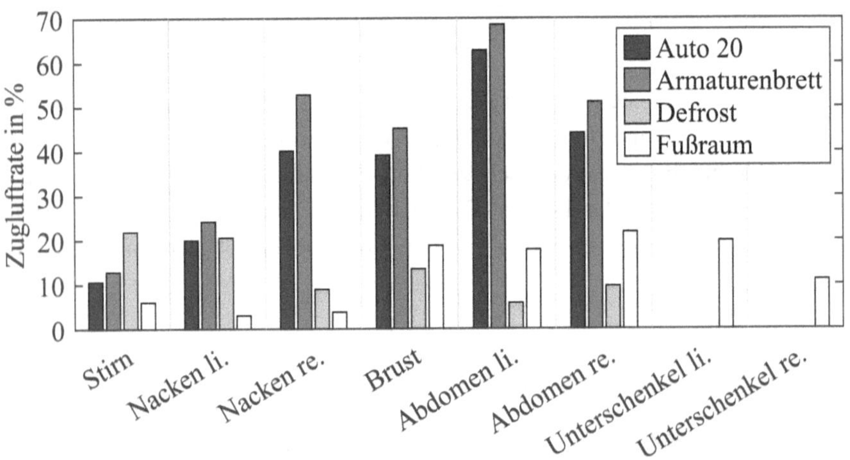

Abbildung 6.6: Vergleich der berechneten Zugluftraten an den verschiedenen Sondenpositionen für die untersuchten Fälle.

Für den Fall 1 ohne aktivierte HLK-Anlage liegen die Zugluftraten aufgrund der geringen Strömungsgeschwindigkeiten bei Null, er ist deshalb in **Abbildung 6.6** nicht enthalten. Die Einstellung Auto 20 nutzt hauptsächlich die Ausströmer am Armaturenbrett. Die Zugluftraten liegen beim reinen Ausströmen über das Armaturenbrett nur leicht über den Auto 20 Werten. Dies kann entweder auf die Mitnutzung weiterer Düsen oder eine geringfügig reduzierten Gebläsestufe im Auto 20 Fall zurückgeführt werden. Für beide Fälle ergeben sich vor allem im Bereich des rechten Nackens sowie des Oberkörpers hohe Zugluftraten. Durch Nutzung der Defrostdüse ergeben sich hier deutlich geringere Werte. An der Stirn erhöht sich die Zugluftrate und am linken Nacken liegen die Werte auf einem vergleichbaren Niveau. Die

Werte an den Unterschenkeln liegen für alle drei bisher beschriebenen Fälle bei Null. Durch die Nutzung der Fußraumdüsen ergibt sich eine gleichmäßige Verteilung der Zugluftraten auf die unterschiedlichen Körperteile. Hier liegen alle Werte deutlich unterhalb von 30 %.

6.2.3 Bewertung

Die untersuchten Fälle zeigen, dass auch bei Umgebungsbedingungen nahe der thermischen Neutralität und stationären Temperaturrandbedingungen Unterschiede im Komfortwert des Gesamtkörpers mit dem TCM messbar sind. Durch die Betrachtung der Zugluftraten an verschiedenen Körperteilen können deutliche Unterschiede zwischen Belüftungskonzepten aufgezeigt werden. Dies kann vor allem im Hinblick auf die Feinausregelung der HLK-Anlage nahe der thermischen Neutralität hilfreich sein. Immer mehr Fahrzeuge verfügen über elektronisch verstellbare Auslassdüsen, hier kann mit dem vorgestellten TCM z. B. eine zeitlich veränderliche und vom aktuell erreichten thermischen Empfinden sowie den Umgebungsbedingunen abhänigige Ausströmstrategie entwickelt werden.

6.3 Messungen zur Zugfreihaltung in Cabriolets

In Fahrzeugen mit offenem Verdeck spielt der Insassenkomfort ebenfalls eine wichtige Rolle. Durch Rückströmungen in die Kabine können vor allem an Kopf, Nacken und Schultern hohe Strömungsgeschwindigkeiten im Bereich von 1 bis 10 m/s auftreten. Diese können durch geeignete aerodynamische Maßnahmen deutlich reduziert werden. Der Windschott hinter den Kopfstützen stellt die gängingste Maßnahme dar und ist in den meisten aktuell am Markt angebotenen Cabriolets in unterschiedlichen Ausführungen serienmäßig vorhanden. Er besteht meist aus einem klapp- oder faltbaren Kunststoffrahmen, auf den eine durchlässige Netzstruktur aufgespannt ist. In manchen Fällen ist das Windschott auch durch eine feste oder ausfahrbare Glasscheibe realisiert. Eine weitere Maßnahme sind feste oder ausfahrbare Windabweiser am oberen Teil der Windschutzscheibe. Sie sollen die Strömung weiter über die offene Fahrzeugkabine ablenken und so eine Rückströmung vermeiden [131].

Eine erhöhte Wärmeabgabe bei kälteren Temperaturen durch die hohe Strömungsgeschwindigkeit kann auch durch Ausblasung von warmer Luft im Nackenbereich des Insassen kompensiert werden. Hierzu sind einige Systeme in kommerziell verfügbaren Fahrzeugen vorhanden. Um die komplexe Umsetzung solcher Systeme zu umgehen, kann auch versucht werden durch eine Erhöhung der Ausblastemperatur oder Ausblasgeschwindigkeit der HLK-Anlage einen ähnlichen Komfortgewinn zu erzielen. Hierzu muss die Regelung der HLK-Anlage angepasst werden, um bei offenem Verdeck abhängig von der Außentemperatur entsprechend zu reagieren.

6.3.1 Messaufbau

Die nachfolgend gezeigten Messungen wurden im Thermowindkanal (TWK) des Forschungsinstituts für Kraftfahrwesen und Fahrzeugmotoren Stuttgart (FKFS) durchgeführt. Es handelt sich um einen Windkanal in Göttinger Bauart mit vertikaler Luftführung und einem 2-Achs-Rollenprüfstand. Die Versuche wurden mit einem VW T-Roc Cabriolet durchgeführt. Der TCM wurde bei den Untersuchungen auf dem Beifahrersitz des Messfahrzeugs platziert. In **Abbildung 6.7** ist das Messfahrzeug mit installiertem TCM dargestellt.

Abbildung 6.7: TCM im Messfahrzeug vor der hinteren Umlenkecke des FKFS-Thermowindkanals.

Das fünfsitzige Fahrzeug besitzt ein Stoffverdeck mit einem herausnehmbaren manuellen Windschott. Das Windschott kann im Fond über den Rücksitzen angebracht werden. Im installierten Zustand kann das Windschott sowohl hoch- als auch heruntergeklappt verwendet werden. Im heruntergeklappten Zustand schließt das Windschott mit seinem Stoffnetz die Fondkavität hinter den Frontsitzen nach oben hin ab. Es wurden vier verschiedene Konfigurationen mit geöffnetem Verdeck bei einer konstanten Temperatur von 22 °C, relativen Luftfeuchte von 40 % und einer Geschwindigkeit von 50 km h^{-1} untersucht. Die Messdauer beträgt jeweils 30 s. Dabei wurde die Position der Seitenscheiben, die Position der Kopfstützen im Fond sowie das herausnehmbare Windschott variiert. Die untersuchten Konfigurationen sind in **Tabelle 6.3** zusammengefasst. Zur hinteren Fixierung des Windschotts müssen die Fondkopfstützen in der unteren Position verbleiben.

Tabelle 6.3: Untersuchte Konfigurationen des Messfahrzeugs im TWK.

Nr.	Seitenscheiben (S)	Windschott (WS)	Fondkopfstützen (KS)
1	oben (↑)	hochgeklappt (↑)	unten (↓)
2	oben (↑)	runtergeklappt (↓)	unten (↓)
3	oben (↑)	ohne (×)	unten (↓)
4	oben (↑)	ohne (×)	oben (↑)
5	unten (↓)	hochgeklappt (↑)	unten (↓)
6	unten (↓)	runtergeklappt (↓)	unten (↓)

6.3.2 Ergebnisse

Mit Hinblick auf die Ergebnisse aus [60] kann bei Nutzern eines offenen Fahrzeugs vor allem bei warmen Temperaturen mit einer höheren Zuglufttoleranz gerechnet werden. In DIN 14750-1 [132] werden Angaben zur zulässigen Luftgeschwindigkeit in Abhängigkeit der mittleren Innenraumtemperatur in Schienenfahrzeugen gemacht. Hier wird für eine Verweildauer von weniger als 20 Minuten und einer mittleren Innenraumtemperatur von 35 °C eine zulässige Luftgeschwindigkeit von 4 m/s genannt. Auch weil die in einem Cabriolet auftretenden Strömungsgeschwindigkeiten den Geltungsbereich der Zugluftrate überschreiten, ist ihr in diesem Zusammenhang also eine geringere Aussagekraft zuzurechnen. Nach ISO 7730 [21] ist die Zugluftrate nur für Strömungsgeschwindigkeiten unter 0,5 m s^{-1} anwendbar.

Deswegen werden im Folgenden die absoluten Strömungsgeschwindigkeiten und Turbulenzgrade zum Vergleich der unterschiedlichen Konfigurationen herangezogen.

Die Zeitreihen der Strömungsgeschwindigkeiten an den unterschiedlichen Messstellen des TCM für die sechs untersuchten Konfigurationen sind in **Abbildung 6.8** in einem Boxplot dargestellt.

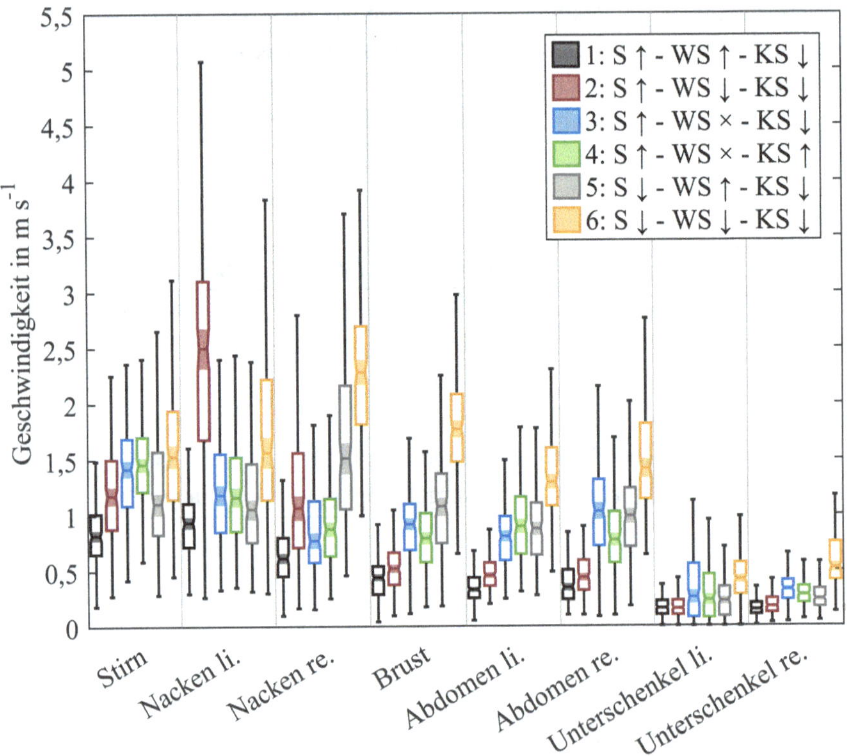

Abbildung 6.8: Vergleich der über 30 s gemessenen Strömungsgeschwindigkeiten an den verschiedenen Sondenpositionen für die sechs untersuchten Konfigurationen (S: Seitenscheibe, WS: Windschott, KS: Kopfstützen).

Konfiguration 1 (schwarz) mit hochgeklapptem Windschott und den Seitenscheiben in der oberen Position weist die geringsten Strömungsgeschwindigkeiten auf. Selbst im Kopf und Nackenbereich liegen die Werte hier meist unter 1 m s^{-1}. Durch das Herunterklappen des installierten Windschotts in

Konfiguration 2 (rot) erhöhen sich die Geschwindigkeiten vor allem im Kopf und Nackenbereich, wobei die Werte an der linken Seite des Nackens am stärksten ansteigen, hier zeigen sich kurzzeitig Werte bis zu 5 m s^{-1}. Auch die Schwankungsbreite der Zeitreihe nimmt in diesem Fall deutlich zu. Im unteren Körperbereich zeigt sich nur ein geringer Anstieg. Durch den Ausbau des Windschotts in Konfiguration 3 (blau) kann der starke Anstieg an der linken Seite des Nackens und auch die Werte an der rechten Seite reduziert werden. Durch die Maßnahme erhöhen sich jedoch die Geschwindigkeiten im unteren Körperbereich, besonders am Abdomen rechts in Richtung Türtafel ist ein deutlicher Anstieg zu beobachten. Das Ausfahren der Fondkopfstützen in Konfiguration 4 (grün) zeigt im Vergleich zu Konfiguration 3 nur am Abdomen leicht unterschiedliche Messwerte, an den restlichen Positionen sind die Werte vergleichbar. Durch das Absenken der Seitenscheiben in Konfiguration 5 (grau) und 6 (gelb) zeigt sich ein verstärkter Einfluss des Windschotts im Vergleich zu den Fällen mit hochgefahrenen Seitenscheiben (Konfiguration 1 schwarz und 2 rot). Vor allem in der Körpermitte und auch im Fußraum steigen die Werte hier bei heruntergeklapptem Windschott deutlich an. Die beiden Fälle zeigen außerdem eine erhöhte Schwankungsbreite der Zeitreihe im Vergleich zu den hochgefahrenen Seitenscheiben.

Der Turbulenzgrad charakterisiert die Gleichmäßigkeit einer Strömung, indem die Standardabweichung des Messsignals mit der mittleren Strömungsgeschwindigkeit normiert wird. Eine turbulenzärmere Strömung beeinflusst den thermischen Komfort positiv und es können dabei höhere absolute Strömungsgeschwindigkeiten toleriert werden [21]. Auch wenn die Zusammenhänge in Innenräumen mit geringen Strömungsgeschwindigkeiten ermittelt wurden, so ist der generelle Trend auch bei höheren Geschwindigkeiten, wie sie bei der Fahrt in einem Cabriolet auftreten, zu beobachten [133]. Unter anderem auch weil durch eine turbulente Strömung im Allgemeinen die Durchmischung in Wandnähe und damit der Wärmeübergang eines Körpers erhöht wird. Außerdem entsteht durch die Turbulenzen eine wechselnde mechanische Irritation auf der menschlichen Haut. Die nach Gl. 3.6 über die Messdauer von 30 s berechneten Turbulenzgrade der untersuchten Konfigurationen sind in **Abbildung 6.9** dargestellt. In Innenräumen liegt der Turbulenzgrad üblicherweise im Bereich zwischen 10 und maximal 60 % [21]. Es zeigen sich also für alle Konfigurationen und an allen Messstellen vergleichsweise hohe Turbulenzgrade.

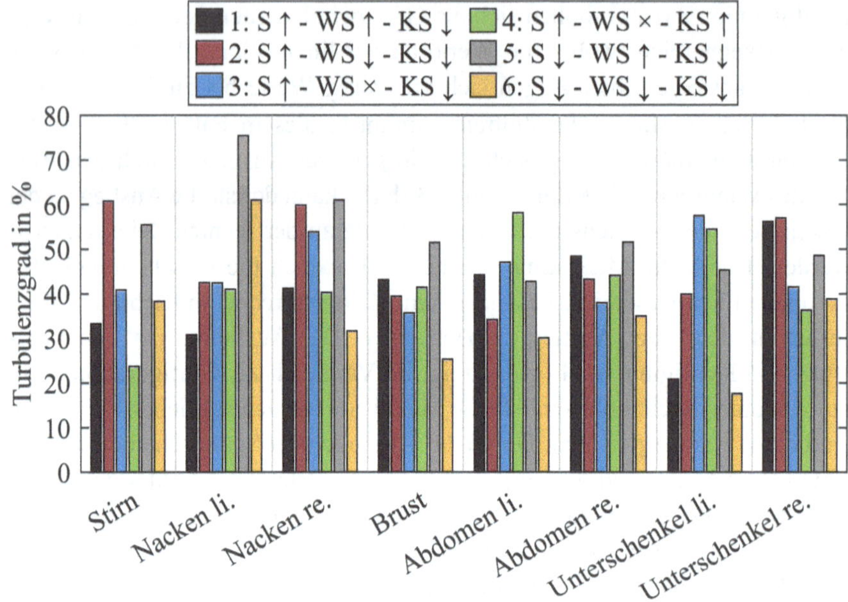

Abbildung 6.9: Vergleich der Turbulenzgrade an den verschiedenen Sondenpositionen für die sechs untersuchten Konfigurationen (S: Seitenscheibe, WS: Windschott, KS: Kopfstützen).

Die Kopf- und Nackenbereiche sind besonders relevant, da sie üblicherweise nicht durch Bekleidung bedeckt sind. Es ist hier bei den Konfigurationen 5 und 6 mit abgesenkten Seitenscheiben, besonders links, eine erhöhte Turbulenz zu beobachten. Bei den beiden Konfigurationen zeigt sich zudem durch das Herunterklappen des Windschotts eine deutliche Reduktion der Turbulenz an allen Messstellen. Mit hochgefahrenen Seitenscheiben ist durch das Hochklappen des Windschotts eine Reduktion des Turbulenzgrads an Kopf und Nacken zu beobachten. Durch den hochgeklappten Windschott und die hochgefahrenen Seitenscheiben können die Strömungsgeschwindigkeiten und Turbulenzgrade deutlich gesenkt werden. Mit dem Ausbau des Windschotts werden die Strömungsgeschwindigkeiten bei hochgefahrenen Seitenscheiben im Vergleich zum installierten, aber heruntergeklappten Windschott im Kopfbereich gesenkt und am restlichen Körper erhöht.

Die aus den gemessenen Einzelparametern berechneten Komfortwerte der Konfigurationen sind in **Tabelle 6.4** zusammengestellt. Die Werte sind mit einem Bekleidungsfaktor von 0,86 clo und einer Stoffwechselrate von 1,1 met berechnet. Aufgrund der Lufttemperatur von 22 °C und den relativ hohen Strömungsgeschwindigkeiten ergeben sich für alle Konfigurationen PMV Werte im leicht kühlen Bereich. Für Konfiguration 1 mit hochgefahrenen Seitenscheiben und hochgeklapptem Windschott ergibt sich die geringste Komforteinbuße. Die Konfigurationen 2 bis 5 liegen auf einem ähnlichen Niveau in Richtung einer kühleren Empfindung. Die größte Abweichung von einem thermisch neutralen Empfinden stellt Konfiguartion 6 mit abgesenkten Seitenscheiben und heruntergeklapptem Windschott dar.

Tabelle 6.4: PMV_g und PPD_g der untersuchten Konfigurationen für 0,86 clo und 1,1 met (S: Seitenscheibe, WS: Windschott, KS: Kopfstützen).

Nr.	S	WS	KS	PMV_g	PPD_g
1	↑	↑	↓	−0,76	17,3
2	↑	↓	↓	−0,98	25,2
3	↑	×	↓	−0,99	25,8
4	↑	×	↑	−0,98	25,4
5	↓	↑	↓	−0,98	25,4
6	↓	↓	↓	−1,13	31,9

6.3.3 Bewertung

Durch die Messung und Auswertung der Strömungsgeschwindigkeiten mit dem TCM kann der Einfluss aerodynamischer Maßnahmen auf den Passagierkomfort in einem Cabriolet bewertet werden. Außerdem zeigt sich, dass durch eine reine Betrachtung des PMV_g für den gesamten Körper zwar eine Aussage zum generellen thermischen Empfinden gemacht werden kann, dies allein jedoch lokal auftretende, hohe Strömungsgeschwindikeiten unterschiedlicher Konfigurationen nicht zwingend widerspiegelt. In dem gezeigten Anwendungsbeispiel wurden Messungen bei einer konstanten Umgebungstemperatur von 22 °C gezeigt und es wurde nicht auf die gemessenen Temperaturen eingegangen. Durch Messreihen in einem Klimawindkanal bei unterschiedlichen Umgebungstemperaturen kann jedoch auch die

Auswirkung der HLK-Anlage oder einer Nackenausblasung im Fahrzeugsitz auf die Temperaturen in der Nähe des Passagiers und den daraus resultierenden thermischen Komfort untersucht werden.

7 Zusammenfassung und Ausblick

In der vorliegenden Arbeit wurde ein messtechnischer Manikin mit zugehörigem digitalem Zwilling zur objektiven Bewertung des thermischen Insassenkomforts entwickelt. Ziel war die Ableitung einer Bewertungsmethode, die in den unterschiedlichen Entwickungsstadien eines Fahrzeugs eingesetzt werden kann. Im ersten Teil der Arbeit wurden die relevanten Grundlagen erarbeitet. Anschließend wurden einige wichtige, bestehende Komfortmodelle sowie Manikins vorgestellt und ihre Eignung für die Ziele dieser Arbeit bewertet. Auf Basis dieser Erkenntnisse wurden anschließend Anforderungen abgeleitet und das Konzept des vorgestellten Komfortmanikins erarbeitet. Zur Berechnung des thermischen Empfindens für den gesamten Körper wurde das PMV-Modell von Fanger als Basis verwendet und erweitert. Zur Verbesserung der räumlichen Auflösung des Modells misst der Manikin die Einzelparameter wie Lufttemperatur und Strömungsgeschwindigkeit an mehreren Körperstellen. Für die Verwendung der Messdaten im PMV-Modell wurde ein Gewichtungsansatz der Eingangsparameter von den verschiedenen Körperstellen entwickelt. Hierzu wurden lokale Empfindungswerte auf Kalt- und Warmreize aus Probandenstudien mit Männern und Frauen in Ruhe sowie bei sportlicher Betätigung genutzt. Die Isolationswirkung von bekleideten Körperstellen wird bei der Gewichtung ebenfalls berücksichtigt. Anschließend wurde ein digitaler Zwilling des messtechnischen Mankinks mit zugehörigem Simulationsprozesses vorgestellt. Danach wurden Messungen unter kontrollierten Randbedingungen in einer Klimakammer durchgeführt, mit denen der digitale Zwilling validiert wurde. Mit ihm wurde anschließend ein simulativer Vergleich der entwickelten Methode mit bestehenden Komfortmodellen durchgeführt. Im letzten Teil der Arbeit wurden drei beispielhafte Anwendungen des TCM gezeigt. Hierzu wurde eine digitale Komfortbewertung der Fahrzeugkabine des autoSHUTTLE aus dem Forschungsprojekt UNICARagil während eines Aufheizzykluses durchgeführt. Außerdem wurde eine messtechnische Untersuchung mit dem TCM in einem BEV unter stationären thermischen Randbedingungen mit unterschiedlichen Klimatisierungsstrategien gezeigt. Abschließend wurde die Zugluft in der Fahrzeugkabine eines Cabriolets in einem Windkanal messtechisch bewertet und der Einfluss unterschiedlicher aerodynamischer Maßnahmen auf den Insassen gezeigt.

D. Gehringer, *Objektive Bewertung des thermischen Innenraumkomforts in Simulation und Experiment*, Wissenschaftliche Reihe Fahrzeugtechnik Universität Stuttgart, https://doi.org/10.1007/978-3-658-51618-5_7

Mit dem TCM ist es möglich, die Auswirkung einer Umgebung auf den thermischen Komfort eines Menschen objektiv zu beschreiben. Es ist eine direkte Darstellung der Komfortwerte während einer Messung möglich, hierdurch können Konfigurationsänderungen in Echtzeit bewertet werden. Durch Verwendung von omnidirektionalen Strömungssonden ist eine direkte Messung der Strömungsgeschwindigkeit und damit die Bewertung von lokalem Unbehagen durch Zugluft möglich. Aus dem Zeitverlauf der Strömungsgeschwindigkeiten an einer Messstelle wird der Turbulenzgrad berechnet und mit der Lufttemperatur außerdem die Zugluftrate. Dies erleichtert die Auslegung des Belüftungskonzeptes und den Ausströmdüsen im Innenraum eines Fahrzeugs, die Optimierung der Regelstrategie von HLK-Anlagen oder die Bewertung von aerodynamischen Anbauteilen an einem Cabriolet.

Durch die Messung der mittleren Strahlungstemperatur mit Hilfe einer Operativtemperatursonde ergeben sich Einschränkungen in der räumlichen Auflösung der Komfortbewertung. Die Auswirkung von lokalen begrenzten Strahlungseinflüssen an einzelnen Körperteilen auf die Komfortbewertung kann nur bedingt erfolgen. Hierzu kann der TCM jedoch zukünftig durch mehrere kleine Strahlungssonden an verschiedenen Körperteilen erweitert werden, um die Genauigkeit der Methode zu erhöhen. Zur Gewichtung der Messdaten dieser Strahlungssonden kann ebenfalls der vorgestellte Ansatz basierend auf den lokalen thermischen Empfindungen einzelner Körperteile verwendet und anschließend in die Komfortberechnung einbezogen werden. Es ist auch möglich die mit dem vorgestellten Manikin gewonnenen Messdaten, wie in dem von Hepokoski et al. beschriebenen Ansatz [78], direkt als Randbedingung auf das thermische Menschmodell in PowerTHERM aufzuprägen um den dort enthaltenen Funktionsumfang und die Komfortmodelle zu verwenden. Da der TCM die hierfür benötigte Wärmestromdichte nicht direkt misst, kann die aus der Operativtemperatur gewonnene mittlere Strahlungstemperatur verwendet und als Randbedingung für die Temperaturen der modellierten Umschließungsflächen definiert werden.

Im Vergleich zu anderen thermischen Komfortmanikins bietet der TCM eine effiziente und einfache Anwendbarkeit. Durch seine Gelenke kann er schnell im Messfahrzeug positioniert und eingerichtet werden. Aufgrund des passiven Messprinzips ist keine zeitintensive thermische Vorkonditionierung des Manikins erforderlich. Die Komfortbewertung erfolgt während einer Messung in Echtzeit und erlaubt es damit, Konfigurationsänderungen direkt zu bewerten. Somit kann beispielsweise die Eignung einer Änderung schnell bewertet werden und das verbleibende Messprogramm bei Bedarf entsprechend angepasst werden. Besonders bei Messungen zur Zugluftfreihaltung im Windkanal ergeben sich hier Vorteile. Die Auswirkungen auf die Kabinenströmung kann direkt bewertet werden und so wertvolle Prüfstandszeit eingespart werden. Mit den aufgezeichneten Messdaten kann im Nachgang die Detailanalyse einer Untersuchung erfolgen. Die Ergebnisse der Anwendungsbeispiele zeigen, dass mit dem TCM auch kleine Änderungen der thermischen Umgebungsbedingungen oder des Strömungsfelds nahe der thermischen Neutralität quantifiziert werden können. Durch den vorgestellten Gewichtungsansatz der Eingangparameter wurde die räumliche Auflösung des PMV-Modells verbessert. Dies stellt im Vergleich zum klassischen Ansatz aus ISO 7730 eine Erweiterung zur Anwendung in thermisch inhomogenen Umgebungen wie einem Fahrzeuginnenraum dar.

Auch der digitale Zwilling kann durch seine Definition als beweglicher Dummy schnell und einfach im Kabinenmodell positioniert werden. Durch die gleichen Freiheitsgrade der entsprechenden Gelenke wird eine übereinstimmende Positionierung zum realen Manikin in der Kabine vereinfacht. Der weitgehend automatisierte Ablauf von Aufbau und Auswertung der Simulationen erleichtert die Anwendung der Methode außerdem weiter. Durch die identische Struktur der Messdaten des virtuellen und realen TCM wird die Weiterverarbeitung und Auswertung der Ergebnisse erleichtert. Die Ergebnisse des messtechnischen TCM und seinem digitalen Zwilling weisen eine gute Vergleichbarkeit auf. Dadurch wird der durchgängige Einsatz der Methode in verschiedenen Entwicklungsstadien eines Fahrzeugs sowie der direkte Vergleich der gewonnenen Komfortbewertungen ermöglicht. Der digitale Zwilling wurde in dieser Arbeit innerhalb der Simulationssoftware PowerFLOW umgesetzt. Der Ansatz eignet sich durch die nachgelagerte Auswertung der Simulatoinsergebnisse jedoch auch für die Verwendung mit anderen CFD-Codes. Es ist hierfür kein thermophsiologischen Menschmodell innerhalb der Simulationsumgebung nötig.

Literaturverzeichnis

1. Hancock, P.A., „Sustained attention under thermal stress“, *Psychol. Bull.* 99(2):263–281, 1986, doi:10.1037/0033-2909.99.2.263.

2. Temming, J., „Fahrzeugklimatisierung und Verkehrssicherheit: Auswirkungen sommerlichen Klimas in Kfz auf die Leistungsfähigkeit der Fahrer (Ergebnisse einer Literaturstudie)“, *FAT-Schriftenreihe* (177), 2003.

3. Cheng, X., Zhou, Z., Yang, C., Zheng, X., Liu, C., Huang, W., Yang, Z., und Qian, H., „Effects of draught on thermal comfort and respiratory immunity“, *Build. Environ.* 224:109537, 2022, doi:10.1016/j.buildenv.2022.109537.

4. DIN EN ISO 14505-3:2006-09, Ergonomie der thermischen Umgebung - Bewertung der thermischen Umgebungen in Fahrzeugen - Teil 3: Bewertung der thermischen Behaglichkeit durch Versuchspersonen (ISO 14505-3:2006); Deutsche Fassung EN ISO 14505-3:2006, 2006, doi:10.31030/9710873.

5. Stephan, P., Kind, M., Schaber, K., Wetzel, T., Mewes, D., und Kabelac, S., Hrsg., „VDI-Wärmeatlas: Fachlicher Träger VDI-Gesellschaft Verfahrenstechnik und Chemieingenieurwesen“, Living reference work, continuously updated edition, Springer, Berlin, Heidelberg, ISBN 978-3-662-52991-1, 2020, doi:10.1007/978-3-662-52991-1.

6. Baehr, H.D. und Stephan, K., „Wärme- und Stoffübertragung“, Springer Berlin Heidelberg, Berlin, Heidelberg, ISBN 978-3-642-36557-7, 2013, doi:10.1007/978-3-642-36558-4.

7. Kirchhoff, G., „Ueber das Verhältniss zwischen dem Emissionsvermögen und dem Absorptionsvermögen der Körper für Wärme und Licht“, *Ann. Phys.* 185(2):275–301, 1860, doi:10.1002/andp.18601850205.

8. Großmann, H. und Böttcher, C., „Pkw-Klimatisierung: Physikalische Grundlagen und technische Umsetzung“, Springer Berlin Heidelberg, Berlin, Heidelberg, ISBN 978-3-662-59615-9, 2020, doi:10.1007/978-3-662-59616-6.

D. Gehringer, *Objektive Bewertung des thermischen Innenraumkomforts in Simulation und Experiment*, Wissenschaftliche Reihe Fahrzeugtechnik Universität Stuttgart, https://doi.org/10.1007/978-3-658-51618-5

9. Woopen, T., Buchholz, M., Dupuis, M., Ernst, R., Becker, M., Kampmann, A., Maurer, M., Moormann, D., Bengler, K., Leinen, S., Winner, H., Amersbach, C., Keilhoff, D., Püllen, D., Reuss, H.-C., Lienkamp, M., Ackermann, S., Lampe, B., Diermeyer, F., Stolte, T., Hecker, C., Elbs, M., Furmans, K., Lategahn, H., Alrifaee, B., Eckstein, L., Möstl, M., Dietmayer, K., Kowalewski, S., u. a., „UNICARagil - Disruptive Modular Architectures for Agile, Automated Vehicle Concepts; 1st", *Vol. 1 2018 27th Aachen Colloq. Automob. Engine Technol. 2018* Aachen:pages 663-694, 2018, doi:10.18154/RWTH-2018-229909.

10. Schmidt, M., Classen, A., Birkel, H., Bronnenberg, P., Cramer, U., Eberweint, B., Fendt, F., und Pütz, R., VDV-Schrift 236/1: Life-Cycle-Cost-optimierte Klimatisierung von Linienbussen – Teilklimatisierung Fahrgastraum – Vollklimatisierung Fahrerarbeitsplatz, 2009.

11. DIN 1946-3:2006-07, Raumlufttechnik - Teil 3: Klimatisierung von Personenkraftwagen und Lastkraftwagen, 2006, doi:10.31030/9703757.

12. Heimsath, C., Gehringer, D., Staron, D., und Wagner, A., „Insassenkomfort unter komplexer werdenden Randbedingungen", *ATZ - Automob. Z.* 126(2–3):56–59, 2024, doi:10.1007/s35148-023-1718-x.

13. Brandes, R., Lang, F., und Schmidt, R.F., Hrsg., „Physiologie des Menschen: mit Pathophysiologie", 32. Auflage, Springer, Berlin, Heidelberg, ISBN 978-3-662-56467-7, 2019, doi:10.1007/978-3-662-56468-4.

14. Gerrett, N., Ouzzahra, Y., und Havenith, G., „Distribution of Skin Thermal Sensitivity", in: Humbert, P., Fanian, F., Maibach, H., und Agache, P., Hrsg., *Agache's Measuring the Skin*, Springer, Cham, ISBN 978-3-319-26594-0: 1–17, 2019, doi:10.1007/978-3-319-26594-0_72-1.

15. Bligh, J., Voigt, K., Braun, H.A., Brück, K., und Heldmaier, G., Hrsg., „Thermoreception and Temperature Regulation", Springer, Berlin, Heidelberg, ISBN 978-3-642-75078-6, 1990, doi:10.1007/978-3-642-75076-2.

16. Ouzzahra, Y., Havenith, G., und Redortier, B., „Regional distribution of thermal sensitivity to cold at rest and during mild exercise in males",

J. Therm. Biol. 37(7):517–523, 2012, doi:10.1016/j.jtherbio.2012.06.003.

17. Gerrett, N., Ouzzahra, Y., Redortier, B., Voelcker, T., und Havenith, G., „Female thermal sensitivity to hot and cold during rest and exercise“, *Physiol. Behav.* 152(Pt A):11–19, 2015, doi:10.1016/j.physbeh.2015.08.032.

18. Ouzzahra, Y., „Regional thermal sensitivity to cold at rest and during exercise“, PhD Thesis, Loughborough University, 2012.

19. Gerrett, N., Ouzzahra, Y., Coleby, S., Hobbs, S., Redortier, B., Voelcker, T., und Havenith, G., „Thermal sensitivity to warmth during rest and exercise: a sex comparison“, *Eur. J. Appl. Physiol.* 114(7):1451–1462, 2014, doi:10.1007/s00421-014-2875-0.

20. ANSI/ASHRAE Standard 55-2017: Thermal Environmental Conditions for Human Occupancy, 2017.

21. DIN EN ISO 7730:2006-05, Ergonomie der thermischen Umgebung - Analytische Bestimmung und Interpretation der thermischen Behaglichkeit durch Berechnung des PMV- und des PPD-Indexes und Kriterien der lokalen thermischen Behaglichkeit (ISO 7730:2005); Deutsche Fassung EN ISO 7730:2005, 2006, doi:10.31030/9720035.

22. Fanger, P.O., „Thermal comfort: Analysis and applications in environmental engineering“, Danish Technical Press, Copenhagen, ISBN 978-87-571-0341-0, 1970.

23. Brager, G.S. und Dear, R.J. de, „Thermal adaptation in the built environment: a literature review“, *Energy Build.* 27(1):83–96, 1998, doi:10.1016/S0378-7788(97)00053-4.

24. Silva, M.C.G. da, „Measurements of comfort in vehicles“, *Meas. Sci. Technol.* 13(6):R41–R60, 2002, doi:10.1088/0957-0233/13/6/201.

25. Constantin, D., Nagi, M., und Mazilescu, C.-A., „Elements of Discomfort in Vehicles“, *Procedia - Soc. Behav. Sci.* 143:1120–1125, 2014, doi:10.1016/j.sbspro.2014.07.564.

26. Winslow, C.-E.A., Herrington, L.P., und Gagge, A.P., „Physiological reactions of the human body to varying environmental temperatures“,

Am. J. Physiol.-Leg. Content 120(1):1–22, 1937, doi:10.1152/ajplegacy.1937.120.1.1.

27. Gagge, A.P., „Standard operative temperature, a generalized temperature scale, applicable to direct and partitional calorimetry“, *Am. J. Physiol.-Leg. Content* 131(1):93–103, 1940, doi:10.1152/ajplegacy.1940.131.1.93.

28. INNOVA AirTech Instruments, „Thermal Comfort“, http://www.innova.dk/books/thermal/thermal.htm, Stand 16. Dez. 2019.

29. Houghton, F.C. und Yaglou, C.P., „Determining equal comfort lines“, *J. Am. Soc. Heat. Vent. Eng.* 29:165–176, 1923.

30. DIN 33403-3:2011-07, Klima am Arbeitsplatz und in der Arbeitsumgebung - Teil 3: Beurteilung des Klimas im Warm- und Hitzebereich auf der Grundlage ausgewählter Klimasummenmaße, doi:10.31030/1774486.

31. DIN ISO/TS 14505-1:2007-12, Ergonomie der thermischen Umgebung - Beurteilung der thermischen Umgebung in Fahrzeugen - Teil 1: Grundlagen und Verfahren für die Bewertung der thermischen Belastung (ISO/TS 14505-1:2007), 2007, doi:10.31030/1380906.

32. DIN EN ISO 14505-2:2007-04, Ergonomie der thermischen Umgebung - Beurteilung der thermischen Umgebung in Fahrzeugen - Teil 2: Bestimmung der Äquivalenttemperatur (ISO 14505-2:2006); Deutsche Fassung EN ISO 14505-2:2006, 2007, doi:10.31030/9765403.

33. Likert, R., „A technique for the measurement of attitudes“, *Arch. Psychol.* 22(140):5–55, 1932.

34. Fanger, P.O., Melikov, A.K., Hanzawa, H., und Ring, J., „Air turbulence and sensation of draught“, *Energy Build.* 12(1):21–39, 1988, doi:10.1016/0378-7788(88)90053-9.

35. DIN EN ISO 7726:2021-03, Umgebungsklima - Instrumente zur Messung physikalischer Größen (ISO 7726:1998); Deutsche Fassung EN ISO 7726:2001, 2021, doi:10.31030/3123890.

36. Nilsson, H., Holmér, I., Bohm, M., und Norén, O., „Equivalent Temperature and Thermal Sensation. Comparison with Subjective Re-

sponses.", *Proceedings of Comfort in the automotive industry: Recent development and achievements*, Bologna: 157–162, 1997.

37. Håkan O Nilsson, „Comfort Climate Evaluation with Thermal Manikin Methods and Computer Simulation Models", Dissertation, National Institute for Working Life, Department of Civil and Architectural Engineering, Stockholm, 2004.

38. Dusan Fiala, „Dynamic Simulation of Human Heat Transfer and Thermal Comfort", Dissertation, De Montfort University, Leicester, 1998.

39. Zhang, „Human Thermal Sensation and Comfort in Transient and Non-Uniform Thermal Environments", Dissertation, University of California, Berkeley, 2003.

40. Zhang, H., Arens, E., Huizenga, C., und Han, T., „Thermal sensation and comfort models for non-uniform and transient environments: Part I: Local sensation of individual body parts", *Build. Environ.* 45(2):380–388, 2010, doi:10.1016/j.buildenv.2009.06.018.

41. Zhang, H., Arens, E., Huizenga, C., und Han, T., „Thermal sensation and comfort models for non-uniform and transient environments, part II: Local comfort of individual body parts", *Build. Environ.* 45(2):389–398, 2010, doi:10.1016/j.buildenv.2009.06.015.

42. Zhang, H., Arens, E., Huizenga, C., und Han, T., „Thermal sensation and comfort models for non-uniform and transient environments, part III: Whole-body sensation and comfort", *Build. Environ.* 45(2):399–410, 2010, doi:10.1016/j.buildenv.2009.06.020.

43. Zhao, Y., Zhang, H., Arens, E.A., und Zhao, Q., „Thermal sensation and comfort models for non-uniform and transient environments, part IV: Adaptive neutral setpoints and smoothed whole-body sensation model", *Build. Environ.* 72(7):300–308, 2014, doi:10.1016/j.buildenv.2013.11.004.

44. Hoof, J. van, „Forty years of Fanger's model of thermal comfort: comfort for all?", *Indoor Air* 18(3):182–201, 2008, doi:10.1111/j.1600-0668.2007.00516.x.

45. Goto, T., Toftum, J., Dear, R. de, und Fanger, P.O., „Thermal sensation and comfort with transient metabolic rates“, *Proceedings Indoor air 2002*, ISBN 0-9721832-0-5: 1038–1043, 2002.

46. Ekici, C., „Measurement Uncertainty Budget of the PMV Thermal Comfort Equation“, *Int. J. Thermophys.* 37(5):48, 2016, doi:10.1007/s10765-015-2011-3.

47. Chaudhuri, T., Soh, Y.C., Bose, S., Xie, L., und Li, H., „On assuming Mean Radiant Temperature equal to air temperature during PMV-based thermal comfort study in air-conditioned buildings“, *IECON 2016 - 42nd Annual Conference of the IEEE Industrial Electronics Society*, IEEE, Florence, Italy, ISBN 978-1-5090-3474-1: 7065–7070, 2016, doi:10.1109/IECON.2016.7793073.

48. Broday, E.E., Ruivo, C.R., und Gameiro da Silva, M., „The use of Monte Carlo method to assess the uncertainty of thermal comfort indices PMV and PPD: Benefits of using a measuring set with an operative temperature probe“, *J. Build. Eng.* 35(4):101961, 2021, doi:10.1016/j.jobe.2020.101961.

49. Da Silva, M.G., Santana, M.M., und Alves e Sousa, J., „Uncertainty Analysis of the Mean Radiant Temperature Measurement based on Globe Temperature Probes“, *J. Phys. Conf. Ser.* 1065(7):072036, 2018, doi:10.1088/1742-6596/1065/7/072036.

50. Teitelbaum, E., Chen, K.W., Meggers, F., Guo, H., Houchois, N., Pantelic, J., und Rysanek, A., „Globe thermometer free convection error potentials“, *Sci. Rep.* 10(1):2652, 2020, doi:10.1038/s41598-020-59441-1.

51. Teitelbaum, E., Alsaad, H., Aviv, D., Kim, A., Voelker, C., Meggers, F., und Pantelic, J., „Addressing a systematic error correcting for free and mixed convection when measuring mean radiant temperature with globe thermometers“, *Sci. Rep.* 12(1):6473, 2022, doi:10.1038/s41598-022-10172-5.

52. Simone, A., Babiak, J., Bullo, M., Landkilde, G., und Olesen, B.W., „Operative temperature control of radiant surface heating and cooling systems“, *Proceedings of Clima 2007 Wellbeing Indoors*, Helsinki, 2007.

53. Hodder, S.G. und Parsons, K., „The effects of solar radiation on thermal comfort“, *Int. J. Biometeorol.* 51(3):233–250, 2006, doi:10.1007/s00484-006-0050-y.

54. Yakovenko, Y., Voichyshyn, Y., und Horbay, O., „Analysis of thermal comfort models of users of public urban and intercity transport“, *Ukr. J. Mech. Eng. Mater. Sci.* 8(2):67–74, 2022, doi:10.23939/ujmems2022.02.067.

55. Dyvia, H.A. und Arif, C., „Analysis of thermal comfort with predicted mean vote (PMV) index using artificial neural network“, *IOP Conf. Ser. Earth Environ. Sci.* 622(1):012019, 2021, doi:10.1088/1755-1315/622/1/012019.

56. Cheng, Y., Niu, J., und Gao, N., „Thermal comfort models: A review and numerical investigation“, *Build. Environ.* 47:13–22, 2012, doi:10.1016/j.buildenv.2011.05.011.

57. Luo, X., Hou, W., Li, Y., und Wang, Z., „A fuzzy neural network model for predicting clothing thermal comfort“, *Comput. Math. Appl.* 53(12):1840–1846, 2007, doi:10.1016/j.camwa.2006.10.035.

58. Farrington, R.B., Rugh, J.P., Bharathan, D., und Burke, R., „Use of a Thermal Manikin to Evaluate Human Thermoregulatory Responses in Transient, Non-Uniform, Thermal Environments“, *SAE Trans.* 113:548–556, 2004.

59. Hintea, D., Kemp, J., Brusey, J., Gaura, E., und Beloe, N., „Applicability of Thermal Comfort Models to Car Cabin Environments“:, *Proceedings of the 11th International Conference on Informatics in Control, Automation and Robotics*, SCITEPRESS - Science and and Technology Publications, Vienna, Austria, ISBN 978-989-758-039-0: 769–776, 2014, doi:10.5220/0005101707690776.

60. Westhoff, A., Marggraf-Micheel, C., Maier, J., Goerke, P., und Schiepel, D., „Untersuchung zum thermischen Komfort im Pkw für den Grenzbereich des Luftzugempfindens“, Forschungsvereinigung Automobiltechnik e. V. (FAT), 2021.

61. Mayer, E. und Schwab, R., „Presentation of a Dummy Representing Suit for Simulation of huMAN heatloss (DRESSMAN)“, *Eur. J. Appl. Physiol.* 92(6):626–629, 2004, doi:10.1007/s00421-004-1141-2.

62. Park, S., Visser, M., Stratbücker, S., und Norrefeldt, V., Objective Climate Comfort Evaluation in Vehicles Using Dressman 3.2: Evaluation of Overall Thermal Comfort with Extended Equivalent Temperature, (571 E), 2021.

63. Visser, M., Park, S., Stratbücker, S., Norrefeldt, V., und Lindner, A., „The DressMAN 3.2-System for evaluation of thermal comfort in the Passenger Cabin Ground Demonstrator", *IOP Conf. Ser. Mater. Sci. Eng.* 1226(1):012114, 2022, doi:10.1088/1757-899X/1226/1/012114.

64. Comlogo GmbH, Datenblatt Equites - Equivalent temperature system, 2022.

65. Nilsson, H.O., „Thermal comfort evaluation with virtual manikin methods", *Build. Environ.* 42(12):4000–4005, 2007, doi:10.1016/j.buildenv.2006.04.027.

66. Ion-Guţă, D.D., Ursu, I., Toader, A., Enciu, D., Dancă, P.A., Nastase, I., Croitoru, C.V., Bode, F.I., und Sandu, M., „Advanced Thermal Manikin for Thermal Comfort Assessment in Vehicles and Buildings", *Appl. Sci.* 12(4):1826, 2022, doi:10.3390/app12041826.

67. Mcguffin, R., Burke, R., Huizenga, C., Hui, Z., Vlahinos, A., und Fu, G., „Human Thermal Comfort Model and Manikin", *SAE Technical Paper Series*, SAE International400 Commonwealth Drive, Warrendale, PA, United States: 2002-01–1955, 2002, doi:10.4271/2002-01-1955.

68. Burke, R., Rugh, J., und Farrington, R., „ADAM – the Advanced Automotive Manikin", *5th International Meeting on Thermal Manikins and Modeling*, Strasbourg, France, 2003.

69. Rugh, J.P. und Bharathan, D., „Predicting Human Thermal Comfort in Automobiles", *SAE Tech. Pap.* 114, 2005, doi:10.2172/15016823.

70. Rugh, J. und Lustbader, J., „Application of a Sweating Manikin Controlled by a Human Physiological Model and Lessons Learned", NREL/CP-540-40435, National Renewable Energy Lab. (NREL), Golden, CO (United States), Hong Kong, 2006.

71. Rugh, J.P. und Barazanji, K., „Assessment of hypothermia blankets using an advanced thermal manikin“, National Renewable Energy Lab. (NREL), Golden, CO (United States), Boston, 2009.

72. Lustbader, J. und Davis-Walker, P., „Ford AZTECS Vehicle - Thermal Testing (CRADA CRD-09-340 Final Report)“, NREL/TP-5400-76889, 1659795, MainId:10533, National Renewable Energy Lab. (NREL), Golden, CO (United States): NREL/TP-5400-76889, 1659795, MainId:10533, 2020, doi:10.2172/1659795.

73. Thermetrics, Automotive HVAC Manikin: Instruments for Textile & Biophysical Testing.

74. Hepokoski, M., Curran, A., Gullman, S., und Jacobsson, D., „Coupling a Passive Sensor Manikin with a Human Thermal Comfort Model to Predict Human Perception in Transient and Asymmetric Environments“, *SAE Int. J. Passeng. Cars - Mech. Syst.* 10:135–140, 2017, doi:10.4271/2017-01-0178.

75. Hepokoski, M., Curran, A., Viola, T., Lindedal, N., Hansson, R., und Gullman, S., „Evaluating a Vehicle Climate Control System with a Passive Sensor Manikin coupled with a Thermal Comfort Model“, 2018-01–0065, 2018, doi:10.4271/2018-01-0065.

76. ThermoAnalytics Inc., „TAITherm Training Manual“, Revision 20160323, 2016.

77. Dassault Systèmes Simulia Corporation, Human Modeling User Guide: PowerTHERM Version 2021.2.2, 2021.

78. Hepokoski, M., Curran, A., Burke, R., Rugh, J., Chaney, L., und Maranville, C., „Use of a Passive Sensor Manikin Coupled with a Thermoregulation Model to Predict Human Thermal Response to Environmental Conditions“, *Proceedings of the 10th International Meeting for Manikins and Modeling*, Tampere, Finland, 2014.

79. Kanomax Japan Inc., Amenity Manikin System: Data Sheet, Stand 27. März 2024.

80. Thermetrics, „Spare Parts - Parts for HVAC Manikins - Thermetrics Store“, https://store.thermetrics.com/new-category/, Stand 28. März 2024.

81. Thermetrics, Newton Thermal Manikin - Spec Sheet, 2023.

82. Hepokoski, M., Curran, A., Burke, R., Rugh, J., Chaney, L., und Maranville, C., „Simulating Physiological Response with a Passive Sensor Manikin and an Adaptive Thermal Manikin to Predict Thermal Sensation and Comfort“, *SAE Technical Papers*, 2015-01–0329, 2015, doi:10.4271/2015-01-0329.

83. ARRK Europe Ltd, Engineering division uses 3D printed SLS technology to build full size dummy. Case Study, Stand 18. März 2024.

84. ARRK Engineering GmbH, HVAC Manikin R1.1, Stand 18. März 2024.

85. Wölki, D., Van Treeck, C., Zhang, Y., Stratbücker, S., Bolineni, S.R., und Holm, A., „Individualisation of virtual thermal manikin models for predicting thermophysical responses“, *Proceeding of: Indoor Air Conference*, Austin: 432–437, 2011.

86. ARRK Engineering GmbH, „Virtual Human Thermoregulation Model for Thermal Comfort Simulation“, https://www.theseus-fe.com/simulation-software/human-thermal-model, Stand 18. März 2024.

87. Wu, Z. und Wagner, A., „Effect of short-term thermal history on thermal comfort and physiological responses: A pilot study“, *Energy Build.* 298:113510, 2023, doi:10.1016/j.enbuild.2023.113510.

88. DIN EN ISO 7250-1:2017-12, Wesentliche Maße des menschlichen Körpers für die technische Gestaltung - Teil 1: Körpermaßdefinitionen und -messpunkte (ISO 7250-1:2017); Deutsche Fassung EN ISO 7250-1:2017, 2017, doi:10.31030/2778667.

89. DIN CEN ISO/TR 7250-2:2013-08, Wesentliche Maße des menschlichen Körpers für die technische Gestaltung - Teil 2: Anthropometrische Datenbanken einzelner nationaler Bevölkerungen (ISO/TR 7250-2:2010 + Amd 1:2013); Deutsche Fassung CEN ISO/TR 7250-2:2011 + A1:2013, 2013, doi:10.31030/1935074.

90. Both, B., Szánthó, Z., und Goda, R., „The problem of turbulence intensity measurement in comfort ventilation“, *Int. Rev. Appl. Sci. Eng.* 8(1):17–23, 2017, doi:10.1556/1848.2017.8.1.4.

91. DIN EN 60584-1:2014-07, Thermoelemente - Teil 1: Thermospannungen und Grenzabweichungen (IEC 60584-1:2013); Deutsche Fassung EN 60584-1:2013, Stand 15. Apr. 2024, doi:10.31030/2153253.

92. Majdak, M. und Jaremkiewicz, M., „The analysis of thermocouple time constants as a function of fluid velocity“, *Meas. Autom. Monit.* (Vol. 62, No. 9):284–287, 2016.

93. Dantec Dynamics, ComfortSense Installation and User Guide, 2016.

94. Dantec Dynamics, Calibration Certificate, 2020.

95. Baumann, P., „Ausgewählte Sensorschaltungen: Vom Datenblatt zur Simulation“, 4. Aufl., Springer Fachmedien Wiesbaden, Wiesbaden, ISBN 978-3-658-35706-1, 2022, doi:10.1007/978-3-658-35707-8.

96. WIKA Alexander Wiegand SE & Co. KG, Kalibrierschein Mikrokalibrierbad Fluid100, 2022.

97. Nakamura, M., Yoda, T., Crawshaw, L.I., Yasuhara, S., Saito, Y., Kasuga, M., Nagashima, K., und Kanosue, K., „Regional differences in temperature sensation and thermal comfort in humans“, *J. Appl. Physiol.* 105(6):1897–1906, 2008, doi:10.1152/japplphysiol.90466.2008.

98. Hardy, J.D., Du Bois, E.F., und Soderstrom, G.F., „The Technic of Measuring Radiation and Convection“, *J. Nutr.* 15(5):461–475, 1938, doi:10.1093/jn/15.5.461.

99. Mochida, T., Shimakura, K., und Yoshida, N., „Comparison of Formulas for Calculating Average Skin Temperature and their Characteristics.“, *Ann. Physiol. Anthropol.* 13(6):357–373, 1994, doi:10.2114/ahs 1983.13.357.

100. Kurazumi, Y., Fukagawa, K., Sakoi, T., Aruninta, A., Kondo, E., und Yamashita, K., „Skin Temperature and Body Surface Section in Non-Uniform and Asymmetric Outdoor Thermal Environment“, *Health (N. Y.)* 10(10):1321–1341, 2018, doi:10.4236/health.2018.1010102.

101. DIN EN ISO 8996:2022-10, Ergonomie der thermischen Umgebung - Bestimmung des körpereigenen Energieumsatzes (ISO 8996:2021); Deutsche Fassung EN ISO 8996:2021, Stand 10. Nov. 2024, doi:10.31030/3295065.

102. Nelson, D.A., Curlee, J.S., Curran, A.R., Ziriax, J.M., und Mason, P.A., „Determining localized garment insulation values from manikin studies: computational method and results“, *Eur. J. Appl. Physiol.* 95(5–6):464–473, 2005, doi:10.1007/s00421-005-0033-4.

103. Dantec Dynamics und OPTEK, NI LabVIEW Toolbox for ComfortSense. Users Guide & Reference Book. Version 1.1, 2013.

104. Beier, T. und Mederer, T., „Messdatenverarbeitung mit LabVIEW“, Carl Hanser Verlag GmbH & Co. KG, München, ISBN 978-3-446-44265-8, 2015, doi:10.3139/9783446445406.

105. National Instruments, „LabVIEW Benutzerhandbuch“, 2016.

106. DIN EN ISO 9920:2009-10, Ergonomie der thermischen Umgebung - Abschätzung der Wärmeisolation und des Verdunstungswiderstandes einer Bekleidungskombination (ISO 9920:2007, Korrigierte Fassung 2008-11-01); Deutsche Fassung EN ISO 9920:2009, 2009, doi:10.31030/1532005.

107. Wu, T., Cui, W., Cao, B., Zhu, Y., und Ouyang, Q., „Measurements of the additional thermal insulation of aircraft seat with clothing ensembles of different seasons“, *Build. Environ.* 108:23–29, 2016, doi:10.1016/j.buildenv.2016.08.008.

108. Dassault Systèmes Simulia Corporation, PowerFLOW 2022: User´s Guide, 2022.

109. Dassault Systèmes Simulia Corporation, PowerTHERM 2021.2.0: User´s Guide, 2021.

110. Dassault Systèmes Simulia Corporation, PowerFLOW 2022: PowerCASE User´s Guide, 2023.

111. Dassault Systèmes Simulia Corporation, PowerFLOW: Climate Control Best Practices Guide PF5.5BP, 2019.

112. Stratasys, ASA Data Sheet - FDM Thermoplastic Filament, 2021.

113. Bosch Rexroth AG, Strut profiles, 2019.

114. Bosch Rexroth AG, Technical data for strut profiles, 2017.

115. Hesse, W., „Aluminium-Werkstoff-Datenblätter“, 7. Auflage, 7th edition, Beuth Verlag GmbH, Berlin Wien Zürich, ISBN 978-3-410-26875-8, 2016.

116. thyssenkrupp Materials Services GmbH, Werkstoffdatenblatt Aluminiumlegierung EN AW-6060, 2017.

117. Richter, F., „Die physikalischen Eigenschaften der Stähle ‚Das 100 - Stähle - Programm‘ Teil I: Tafeln und Bilder“, 2011.

118. DIN EN 15976:2011-07, Abdichtungsbahnen - Bestimmung des Emissionsgrades; Deutsche Fassung EN 15976:2011, (15976:2011–07), 2011, doi:10.31030/1733297.

119. DIN EN 16012:2015-05, Wärmedämmstoffe für Gebäude - Reflektierende Wärmedämm-Produkte - Bestimmung der Nennwerte der wärmetechnischen Eigenschaften; Deutsche Fassung EN 16012:2012+A1: 2015, (16012:2015–05), 2015, doi:10.31030/2298235.

120. INGLAS GmbH & Co. KG, TIR 100-2: Measuring of thermal emissivity within seconds, 2010.

121. Kononogova, E., Adibekyan, A., Monte, C., und Hollandt, J., „Characterization, calibration and validation of an industrial emissometer“, *J. Sens. Sens. Syst.* 8(1):233–242, 2019, doi:10.5194/jsss-8-233-2019.

122. Lowe, P.R. und Ficke, J.M., „The computation of saturation vapor pressure“, Environmental Prediction Research Facility, Naval Postgraduate School …, 1974.

123. DIN EN IEC 60068-3-5:2018-10: Umgebungseinflüsse - Teil 3-5: Unterstützende Dokumentation und Leitfaden - Bestätigung des Leistungsvermögens von Temperatur-Prüfkammern (IEC 60068-3-5:2018); Deutsche Fassung EN IEC 60068-3-5:2018, 2018.

124. Weiss Umwelttechnik GmbH, Betriebsanleitung: Wärme - Kälte - Prüfkammer Typ: WT 8’/40-60, 2009.

125. Wisser, M., „Konstruktion einer generischen und anpassbaren Peoplemover-Kabine zur Simulation verschiedener Klimatisierungkonzepte“, Masterarbeit, Universität Stuttgart, Stuttgart, 2022.

126. Gehringer, D., Kuthada, T., und Wagner, A., „Thermal Management System of the UNICARagil Vehicles—A Comprehensive Overview“, *World Electr. Veh. J.* 14(1):6, 2022, doi:10.3390/wevj14010006.

127. Wyon, D.P., Larsson, S., Forsgren, B., und Lundgren, I., „Standard Procedures for Assessing Vehicle Climate with a Thermal Manikin“, SAE International400 Commonwealth Drive, Warrendale, PA, United States: 890049, 1989, doi:10.4271/890049.

128. Stolwijk, J.A.J. und Hardy, J.D., „Temperature regulation in man — A theoretical study“, *Pflüg. Arch. Für Gesamte Physiol. Menschen Tiere* 291(2):129–162, 1966, doi:10.1007/BF00412787.

129. Golubev, T., Hepokoski, M., Klein, M., Curran, A., und Song, H.J., „Validation of a Human Thermal Model for Assessing Crew- Induced Loads in Spacecraft“, St. Paul, Minnesota, 2022.

130. Gehringer, D., Keilhoff, D., Kuthada, T., und Wiedemann, J., „UNICARagil: Challenges in Thermal Management for Autonomous Vehicle Concepts“, Stuttgart, 2019.

131. Schütz, T., „Hucho - Aerodynamik des Automobils: Strömungsmechanik, Wärmetechnik, Fahrdynamik, Komfort“, Springer Fachmedien Wiesbaden, Wiesbaden, ISBN 978-3-8348-1919-2, 2013, doi:10.1007/978-3-8348-2316-8.

132. DIN EN 14750-1:2006-08, Bahnanwendungen - Luftbehandlung in Schienenfahrzeugen des innerstädtischen und regionalen Nahverkehrs - Teil 1: Behaglichkeitsparameter, doi:10.31030/9671862.

133. Schiepel, D. und Westhoff, A., „Study on the Influence of Turbulence on Thermal Comfort for Draft Air“, in: Dillmann, A., Heller, G., Krämer, E., und Wagner, C., Hrsg., *New Results in Numerical and Experimental Fluid Mechanics XIII*, Springer International Publishing, Cham, ISBN 978-3-030-79560-3: 494–503, 2021, doi:10.1007/978-3-030-79561-0_47.

134. Luo, M., Wang, Z., Zhang, H., Arens, E., Filingeri, D., Jin, L., Ghahramani, A., Chen, W., He, Y., und Si, B., „High-density thermal sensitivity maps of the human body“, *Build. Environ.* 167:106435, 2020, doi:10.1016/j.buildenv.2019.106435.

Anhang

A1. Empfindungsfaktoren

Die Empfindungsfaktoren zur Berechnung der Gewichtungsfaktoren nach Gl. 4.1 sind in **Tabelle A.1** aufgelistet. Die Tabelle enthält Werte aus den Arbeiten von Ouzzahra und Gerrett et al. [14, 16–19] für die relevanten Körperteile des TCM. Aufgrund der Symmetrie der Daten zwischen rechter und linker Körperhälfte sind diese jeweils nur für eine Seite angegeben. Es sind Daten für die Aufbringung eines kalten oder warmen Temperaturreizes für Männer und Frauen jeweils in Ruhe $f_{kR,i}$, $f_{wR,i}$ und bei sportlicher Betätigung $f_{kS,i}$, $f_{wS,i}$ enthalten. Für die Empfindungsfaktoren von Frauen in Ruhe bei kaltem und warmen Temperaturreiz sowie von Frauen bei sportlicher Betätigung und warmem Temperaturreiz sind in [14, 19] und [17] unterschiedliche Werte enthalten. Hier wurde jeweils der Mittelwert aus den beiden veröffentlichten Werten gebildet. Da in den Veröffentlichungen nicht für alle untersuchten Fälle Daten für die Füße enthalten sind, werden hier die Werte von Luo et al. [134] herangezogen. Hier wurden einzelne Körperteile von Probanden unter ähnlichen Randbedingungen mit einem Warm- und Kaltreiz beaufschlagt und die gleiche Bewertungsskala verwendet. Es wurde jedoch eine kleinere Sonde (1,54 cm^2 Oberfläche) zur Aufbringung des Reizes sowie eine um 5 °C über bzw. unter der Hauttemperatur liegende Reiztemperatur verwendet. Es sind außerdem nur Daten für Probanden in Ruhe enthalten. Die Empfindungen an den Füßen bei sportlicher Betätigung werden deshalb vereinfachend als gleichbleibend angenommen.

D. Gehringer, *Objektive Bewertung des thermischen Innenraumkomforts in Simulation und Experiment*, Wissenschaftliche Reihe Fahrzeugtechnik Universität Stuttgart, https://doi.org/10.1007/978-3-658-51618-5

Tabelle A.1: Empfindungsfaktoren verschiedener Körperteile bei Aufbringung eines kalten oder warmen Temperaturreizes für Männer und Frauen in Ruhe und bei sportlicher Betätigung, aus [14, 16–19, 134].

	Mann				Frau			
Körperteil	$f_{kR,i}$	$f_{kS,i}$	$f_{wR,i}$	$f_{wS,i}$	$f_{kR,i}$	$f_{kS,i}$	$f_{wR,i}$	$f_{wS,i}$
Kopf oben	5,5	6,6	4,1	3,2	6,35	6,1	4	4,8
Kopf unten	5,75	6,6	3,9	3,3	6,95	7,1	4,9	4,35
Nacken vorne	5,4	5,9	4	3,6	5,25	5,5	4,8	4,4
Torso oben links	5,6	5,8	3,9	3,6	5,7	4,6	4,9	4,6
Torso oben Mitte	5,05	5,2	3,4	2,8	6,45	5	5,15	4,7
Torso Mitte links	6,7	7,1	4,2	3,5	6,7	5,1	5,35	4,75
Torso Mitte	5,55	6,1	4,4	3,5	6,45	6	5,05	4,8
Torso unten links	7,3	7,4	4,1	2,9	7,2	5,8	5,2	4,6
Torso unten Mitte	5,55	6,1	3,8	2,7	6,8	5,8	5,4	4,3
Oberarm	5,65	6,6	4,3	3,3	6,7	5,4	4,25	4,5
Unterarm	5,6	5,9	3,5	3,1	5,45	4,8	4,25	3,9
Hand	3,9	5,2	4	3,2	4,45	5,8	4,6	5,25
Oberschenkel	5,95	7	4,1	3,8	6	5,1	4,65	4,35
Unterschenkel	4,55	6,4	3,7	2,2	4,9	5,1	4,9	4,2
Fuß	4,2	4,2	2,3	2,3	3,7	3,7	2,5	2,5

A2. Lokale Bekleidungsisolationswerte

Die vordefinierten Bekleidungszuammenstellungen mit ihrem Gesamtisolationswert sind in **Tabelle A.2** aufgeführt. Diese können in der Benutzeroberfläche des Berechnungsprogramms ausgewählt werden. Die Auswahl umfasst gängige Zusammenstellungen in Anlehnung an ISO 7730 [21], ISO 9920 [106] und ASHRAE Standard 55 [20] die in der Praxis Anwendung finden.

Tabelle A.2: Vordefinierte Bekleidungszusammenstellungen des TCM-Berechnungsprogramms mit ihrem jeweiligen Isolationswert.

Nr.	**Beschreibung**	**Isolations-wert in clo**
1	Laufshorts, kurzärmeliges Shirt	0,36
2	Typische Sommerkleidung für den Innenbereich	0,5
3	Knielanger Rock, kurzärmeliges Shirt, Sandalen, Unterwäsche	0,54
4	Hose, kurzärmeliges Shirt, Socken, Schuhe, Unterwäsche	0,57
5	Hose, langärmeliges Shirt	0,61
6	Knielanger Rock, langärmeliges Shirt, Vollslip	0,67
7	Jogginghose, langärmeliges Sweatshirt	0,74
8	Jacke, Hose, langärmeliges Shirt	0,96
9	Typische Winterkleidung für den Innenbereich	1

Die lokalen Bekleidungsisolationen der Körperteile, die zur Berechnung der Dämpfungsfaktoren benötigt werden, sind für die in **Tabelle A.2** definierten Bekleidungszusammenstellungen in **Tabelle A.3** dargestellt. Die Werte sind aus der Arbeit von Nelson et al. [102] entnommen. Unbekleidete Bereiche sind in der Tabelle jeweils mit einem Wert von null versehen. Die Isolationswerte werden im Berechnungsprogramm abhängig von der Bekleidungszusammenstellung ausgewählt.

Tabelle A.3: Lokale Bekleidungsisolationswerte für verschiedene Bekleidungszusammenstellungen zur Berechnung des Dämpfungsfaktors, nach [102].

	Bekleidungszuammenstellung Nr.								
Körperteile	1	2	3	4	5	6	7	8	9
Kopf oben	0	0	0	0	0	0	0	0	0
Kopf unten	0	0	0	0	0	0	0	0	0
Nacken vorne	0	0	0	0	0	0	0	0	0
Torso oben	0,64	0,75	0,83	0,75	0,79	0,79	1,62	2,19	2,19
Torso Mitte	0,64	0,75	0,83	0,75	0,79	0,79	1,62	2,19	2,19
Torso unten	0,65	0,53	1,2	0,53	0,53	0,53	1,25	0,53	0,53
Oberarm	0,64	0,75	0,83	0,75	0,79	0,79	1,62	2,19	2,19
Unterarm	0	0	0	0	0,79	0,79	1,62	2,19	2,19
Hand	0	0	0	0	0	0	0	0	0
Oberschenkel	0,65	0,53	0,81	0,53	0,53	0,53	1,25	0,53	0,53
Unterschenkel	0	0,53	0	0,53	0,53	0	1,25	0,53	0,53
Fuß	2,73	1,85	0	1,85	1,85	1,85	2,73	1,85	2,73

A3. Materialkennwerte des ThermoCab Simulationsmodells

Die gemessenen Emissionsgrade der Klimaprüfkammer, ThermoCab, Heizfolie und Luftführungskanal sind in **Tabelle A.4** zusammengestellt. Die Umgebungstemperatur und die Oberflächentemperaturen der Messobjekte lagen bei 24 bis 26 °C. Es ist für jede Oberfläche jeweils der Mittelwert aus den Werten von mindestens drei unterschiedlichen Messstellen angegeben.

Tabelle A.4: Gemessene Emissionsgrade des experimentellen Aufbaus in der Klimaprüfkammer und ThermoCab bei einer Temperatur von 24 bis 26 °C.

Nr.	**Messstelle**	**Emissionsgrad**
1	Innenwand Klimaprüfkammer	0,115
2	Decke innen Klimaprüfkammer	0,114
3	Rückwand innen Klimaprüfkammer	0,142
4	Boden innen Klimaprüfkammer	0,221
5	Außenwand Klimaprüfkammer	0,863
6	Außenwand ThermoCab	0,876
7	Türe ThermoCab außen	0,902
8	Innenwand ThermoCab	0,893
9	ThermoCab Vorkammer innen	0,909
10	Heizfolie	0,874
11	Luftführungskanal ThermoCab	0,918

Zeitfracht Medien GmbH
Ferdinand-Jühlke-Straße 7
99095 Erfurt, Deutschland
produktsicherheit@kolibri360.de